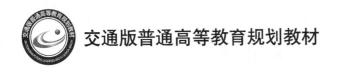

交通版普通高等教育规划教材

JIAOTONG
TULUN
FANGFA

交通图论方法

冯树民 著

U0338729

人民交通出版社股份有限公司
China Communications Press Co.,Ltd.

内 容 提 要

本书详细介绍了图论的各种理论方法,同时探讨了各种方法在交通系统中的应用。全书共分11章,从图的基本概念出发,到图的最小树、连通性、最短路、网络流,再到图的遍历、匹配、着色,网络的选址、计划、可靠性,全面涵盖了图论理论的各个方面。

本书可作为高等院校交通类专业学生和交通领域学者参考用书,同时可为其他领域研究者提供思路。

图书在版编目(CIP)数据

交通图论方法 / 冯树民著. — 北京 : 人民交通出版社股份有限公司, 2017.9

ISBN 978-7-114-14116-4

Ⅰ. ①交…　Ⅱ. ①冯…　Ⅲ. ①交通图—地图编绘—教材　Ⅳ. ①P285.3

中国版本图书馆 CIP 数据核字(2017)第 211593 号

书　　　名:交通图论方法
著　作　者:冯树民
责任编辑:陈　鹏　崔　建
出版发行:人民交通出版社股份有限公司
地　　　址:(100011)北京市朝阳区安定门外外馆斜街 3 号
网　　　址:http://www.ccpress.com.cn
销售电话:(010)59757973
总　经　销:人民交通出版社股份有限公司发行部
经　　　销:各地新华书店
印　　　刷:北京鑫正大印刷有限公司
开　　　本:787×1092　1/16
印　　　张:11
字　　　数:266 千
版　　　次:2017 年 9 月　第 1 版
印　　　次:2017 年 9 月　第 1 次印刷
书　　　号:ISBN 978-7-114-14116-4
定　　　价:30.00 元

前言
PREFACE

人们生活在一个充满着各种各样网络的世界中,自然界和人类社会中网络无处不在,网络已经成为当今时代生活中不可缺少的部分。在不同应用领域中,节点和连线可以代表不同的事物及其相互之间的关系,由此可建立网络模型进行研究。

网络科学是所有以网络作为研究对象的学科的统称。网络科学是利用网络来描述各种物理、生物和社会现象的研究及建立这些现象的预测模型的科学,也是一种用于探讨各种形态的社会的、现实的、虚拟的交叉与集合的复杂网络的科学新模式。

图论是网络科学研究的开端,用图论的语言和符号可以精确简洁地描述各种网络。图论不仅为数学家和物理学家提供了描述网络的共同语言和研究平台,而且至今图论的许多研究成果、结论和方法技巧仍然能够自然地应用到社会网络分析与复杂网络的研究中,成为网络科学研究的有力方法和工具。

本书把理论与实践相结合,进行图论与交通系统的交叉研究,在完善图论的理论方法的同时,拓展其在交通系统中的应用范围。全书共 11 章,全面涵盖了图论理论的各个方面,包括基本概念、最小树、连通性、最短路算法、网络流理论、图遍历、图的匹配、图的着色、网络选址、网络计划、网络可靠性等内容。

本书在编写过程中参阅了大量的国内外资料、著作,吸收了同行们的研究成果,在此向他们表示诚挚的谢意。衷心地感谢参与和支持本书出版的所有同志。

科学技术不断发展,社会不断进步,许多图论理论及其在交通领域的应用问题还没有完全解决,甚至有些还是空白,加上作者水平有限,本书还存在许多问题和缺点,希望广大读者批评指正。

冯树民

2017 年 9 月

目录
CONTENTS

第1章 图的基本概念

1.1 图论的发展

图论是以图为研究对象的。图论中的图是由若干给定的点及连接两点的线所构成的图形。这种图形通常用来描述某些事物之间的某种特定关系,用点代表事物,用连接两点的线表示相应两个事物间具有这种关系。

关于图论的文字记载最早出现在欧拉 1736 年的论著《哥尼斯堡七桥问题无解》中,他所考虑的原始问题具有很强的实际背景。欧拉证明了哥尼斯堡七桥问题没有解,并且推广了这个问题,给出了对于一个给定的图可以以某种方式走遍的判定法则,这项工作使欧拉成为图论(及拓扑学)的创始人。哥尼斯堡七桥问题及其后的哈密尔顿问题、四色猜想等有力地推动了图论及拓扑学的发展。1936 年,匈牙利数学家柯尼希出版的第一部图论专著《有限图与无限图理论》标志着图论正式成为一门独立的学科。

近年来,随着社会的进步,计算机科学和通信技术的不断发展,数学的应用越来越多,图论能够施展的天地也越来越广。由于各个领域的很多问题都可以抽象成数学模型,而很多就是图的模型,于是图论便成了一个非常有效的分析和解决问题的工具。图论在管理、交通运输、军事、计算机科学、化学、物理甚至社会科学中都展现出了它的能力。

1.2 图 的 定 义

在实际工程中,许多工程系统都可以用图形来描述,如公路运输系统、城市公交系统、城市给排水系统及通信系统等,这些系统都可以用节点与连线所组成的网络来描述。有一些计划工作,也可按其相互关系绘制成网络形式,可以认为是沿时间展开的网络。

图论中所研究的图可不按比例尺画,线段不代表真正的长度,点和线条的位置也是随意的。例如图 1-1a)表示某地区的公路交通网,A、B、C、D、E、F 表示六个城镇,连线表示两城镇间的公路,如连线 AE 表示城镇 A、E 间有公路相通这种特定关系。如果研究的问题只是着眼于"两城镇间有无公路相通"这一特定关系,公路的长度、曲直、坡度、海拔高度、城镇的具体位置都不是主要问题,那么就可以用图 1-1b)所示的网状图来代替图 1-1a)所示的公路交通网。

从图 1-1b)看不出它所代表的具体含义,这种抽象图既可以表示公路交通系统,也可以表示农田灌溉系统或通信系统。在图论及网络理论中,对图的讨论是将图的具体内容抛开,研究抽象图的一般规律及典型问题的分析和求解方法。

1. 简单图

图记为 $G = (V, E)$，V 代表点集合，E 代表边集合。例如图 1-2 中 $V = \{V_1, V_2, V_3, V_4, V_5, V_6\}$，$E = \{e_1, e_2, e_3, e_4, e_5, e_6, e_7, e_8\}$。若边 e_k 连接点 V_i, V_j，则记之为 $e_k = [V_i, V_j]$，称 V_i, V_j 为边 e_k 的端点，称 e_k 为点 V_i 及 V_j 的关联边。如图 1-2 中 $e_2 = [V_1, V_5]$，V_1, V_5 为 e_2 的端点，e_2 为点 V_1, V_5 的关联边。若一条边的两个端点重合，则称该边为环，如图 1-2 中的边 e_8。若两点之间多于一边时，则称这些边为多重边，如图中的 e_4、e_7。若一个图中既没有环也没有多重边，称之为简单图，如图 1-1b) 所示。

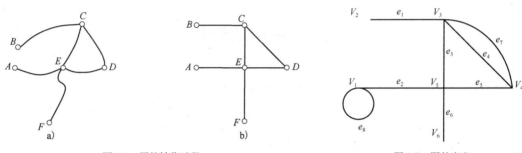

图 1-1　图的转化过程　　　　　　　　　　图 1-2　图的定义

2. 连通图

图中若存在某一个点与边的连续交替序列 $\{V_{i1}, e_{i1}, V_{i2}, e_{i2}, \cdots, V_{ik-1}, e_{ik-1}, V_{ik}\}$，则称这个点边序列为一条从 V_{i1} 点到 V_{ik} 点的链，简记为 $\{V_{i1}, V_{i2}, \cdots, V_{ik}\}$。链 $\{V_{i1}, V_{i2}, \cdots, V_{ik}\}$ 中，若 $V_{i1} = V_{ik}$，即链的起点与终点重合，则称之为圈，圈实际上是闭链。若链(圈)中所含的边均不相同，则称之为简单链(圈)；若点也不相同，则称之为初等链(圈)。

例如在图 1-3a) 中，$\mu_1 = \{V_1, V_2, V_4, V_5, V_3, V_2, V_4, V_6\}$ 为一条从 V_1 到 V_6 的链，但它不是简单链，因为 $\{V_2, V_4\}$ 重复两次。$\mu_2 = \{V_1, V_2, V_3, V_1\}$ 为初等圈，$\mu_3 = \{V_1, V_2, V_5, V_3, V_2, V_4\}$ 为简单链，$\mu_4 = \{V_1, V_2, V_5, V_4, V_6\}$ 为初等链。

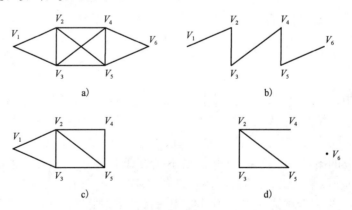

图 1-3　连通图定义

在一个图中，若任意两点之间至少存在一条链，则称这个图为连通图，否则就称为不连通图。图 1-3 中除图 1-3d) 外均为连通图，在图 1-3d) 中，点 V_6 与点 V_4 之间不存在链，故为不连通图。

3. 无向图与有向图

图中不规定从一点到另一点的方向,即从 V_i 到 V_j 与从 V_j 到 V_i 都是一样的,这种图称之为无向图。如果图中每条边均表明方向,规定只能从 $V_i \rightarrow V_j$,不能从 $V_j \rightarrow V_i$,这样的图称之为有向图。

在实际问题中,有些问题可用无向图来描述,如市政管道系统、双向行驶的交通网络。但有些问题用无向图就无法描述,如交通网络中的单行线,一项工程中各项工序之间的先后关系等,显然,这些关系仅用边是反映不出来的,还必须标明各边的方向。

在有向图中,点与点之间有方向的连线称为弧,记之为 $A = (V_i, V_j)$,(V_i, V_j) 与 (V_j, V_i) 是不同的。有向图是由点集 V 和弧集 A 所组成的,记之为 $G = (V, A)$。在有向图中,从某节点出发的弧的数称为该节点出度,到达该节点的弧的数目为该节点的入度。

例如图 1-4a) 就是一个有向图,图中 $V = \{V_1, V_2, V_3, V_4, V_5, V_6\}$,$A = \{(V_1, V_2), (V_1, V_6), (V_2, V_6), (V_6, V_2), (V_2, V_3), (V_2, V_5), (V_6, V_5), (V_5, V_3), (V_3, V_4), (V_5, V_4)\}$,如果从一个有向图中去掉箭头,得到一个无向图,见图 1-4b)。

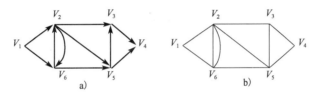

图 1-4 有向图与无向图

有向图 1-4a) 中,从 V_1 到 V_4 沿箭头方向排列一些弧段 $\{V_1, V_2, V_5, V_3, V_4\}$,这些弧段组成一个连续弧的序列,在此序列中各弧段首尾连接而不重复,这就形成了从 V_1 到 V_4 的一条通路(或称路)。如果在弧的序列中某些弧段的方向与前进方向不一致,则从起点到终点各弧段组成一条链,如图 1-4a) 的弧序列 $\{V_1, V_2, V_3, V_5, V_4\}$,便是从 V_1 到 V_4 的一条链。路是链中的一个特例,路中所有弧的方向与前进方向一致。在有向图中,如果路的起点与终点重合,则称该路为回路。

4. 完全图与子图

若一个图有 n 个顶点,且任意一个顶点都与其他所有顶点连接的图,称为完全图,记作 K_n,完全图 K_n 的边的数目是 $C_n^2 = \frac{1}{2}n(n-1)$。

如果图 G 的顶点集 V 可以分解为 k 个两两不相交的非空子集的并,即 $V = \bigcup_{i=1}^{k} V_i$,$V_i \cap V_j = \phi$,$i \neq j$,并且没有一条边,其两个顶点都在上述同一子集内,称图 G 为 k 部图。

若图 $G_1 = (V_1, E_1)$ 和图 $G_2 = (V_2, E_2)$,有 $V_1 \subseteq V_2$,且 $E_1 \subseteq E_2$,则称 G_1 是 G_2 的一个子图。若有 $V_1 = V_2$ 和 $E_1 \subseteq E_2$,则称 G_1 是 G_2 的支撑图。显然支撑图也是子图,但子图不一定是支撑图。若图 $G = (V, E)$ 中去掉点 V_i 及 V_i 的关联边后得到的一个图 G',则称图 G' 为图 G 的导出子图。如图 1-5b) 和图 1-5c) 都是 1-5a) 子图,但图 1-5b) 是支撑子图,图 1-5c) 是导出子图。

5. 赋权图

边或弧的有关数量指标称为权,如距离、费用、流量等。图中点、边以及边上的权的总体称为赋权图。设图 $G(V,E)$，对 G 中的每一条边 $[v_i, v_j]$，相应地有一个数 w_{ij}，称这个数为边 $[v_i, v_j]$ 上的权。这里所说的"权"，是指与边有关的数量指标，根据实际问题的需要，可以赋予不同的含义，如距离、时间、费用或流量等。

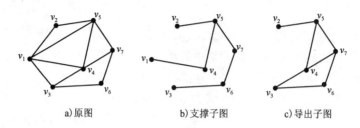

a)原图   b)支撑子图   c)导出子图

图 1-5　子图、支撑子图和导出子图

6.二部图

一个图的顶点记为 V，如果可以分解为两个非空子集 X 和 Y，使得每条边都有一个端点在 X 中，另一个端点在 Y 中，如图 1-6 所示，这类图被称作二部图。

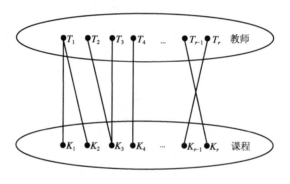

图 1-6　二部图示意图

1.3　图的矩阵表示

1.邻接矩阵表示法

$G = (V, A)$ 是一个简单有向图，V 中的顶点用自然数 $1, 2, \cdots, n$ 表示或编码，A 中的弧用自然数 $1, 2, \cdots, m$ 表示或编码，邻接矩阵表示法是将图以邻接矩阵的形式存储在计算机中。图 $G = (V, A)$ 的邻接矩阵 C 是一个 $n \times n$ 的 $0 - 1$ 矩阵，即

$$C = (c_{ij})_{n \times n} \in (0,1)^{n \times n}$$

$$c_{ij} = \begin{cases} 0 & (i,j) \notin A \\ 1 & (i,j) \in A \end{cases}$$

如果两点之间有一条弧，则邻接矩阵中对应得元素为 1，否则为 0。每行元素之和正好对应顶点的出度，每列元素之和正好是对应顶点的入度。可以看出，这种表示法非常简单、直接。但是，在邻接矩阵的所有 n^2 个元素中，只有 m 个非零元素。如果网络比较稀疏，这种表示法浪费大量的存储空间，从而增加了在网络中查找弧的时间。

图 1-7 所示的网络图,可以用邻接矩阵表示为:

$$\begin{bmatrix} 0 & 1 & 1 & 0 & 0 \\ 0 & 0 & 0 & 1 & 0 \\ 0 & 1 & 0 & 0 & 0 \\ 0 & 0 & 1 & 0 & 1 \\ 0 & 0 & 1 & 1 & 0 \end{bmatrix}$$

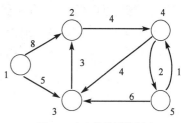

图 1-7 有向简单图的例子

同样,对于网络中的权,也可以用类似邻接矩阵的 $n \times n$ 矩阵表示。只是此时一条弧所对应的元素不再是 1,而是相应的权而已。如果网络中每条弧赋有多种权,则可以用多个矩阵表示这些权。如图 1-7 的权矩阵为:

$$\begin{bmatrix} 0 & 8 & 5 & 0 & 0 \\ 0 & 0 & 0 & 4 & 0 \\ 0 & 3 & 0 & 0 & 0 \\ 0 & 0 & 4 & 0 & 2 \\ 0 & 0 & 6 & 1 & 0 \end{bmatrix}$$

2. 关联矩阵表示法

关联矩阵表示法是将图以关联矩阵的形式存储在计算机中。图 $G = (V,A)$ 的关联矩阵 $\boldsymbol{B}$ 是一个 $n \times m$ 的矩阵,即

$$\boldsymbol{B} = (b_{ik})_{n \times m} \in \{-1,0,1\}^{n \times m}$$

$$b_{ik} = \begin{cases} 1 & \exists j \in V, k = (i,j) \in A \\ -1 & \exists j \in V, k = (j,i) \in A \\ 0 & \text{其他} \end{cases}$$

在关联矩阵中,每行对应于图的一个节点,每列对应于图的一条弧。如果一个节点是一条弧的起点,则关联矩阵中对应得元素为 1;如果一个节点是一条弧的终点,则关联矩阵中对应的元素为 -1;如果一个节点与一条弧不关联,则关联矩阵中对应得元素为 0。对于简单图,关联矩阵中每列只含有两个非零元(+1, -1)。在关联矩阵中,每行元素 1 的个数正好是对应顶点的出度,每行元素 -1 的个数正好是对应顶点的入度。可以看出,这种表示法也非常简单、直接。但是,在关联矩阵的所有 $n \times m$ 个元素中,只有 $2m$ 个为非零元。如果网络比较稀疏,这种表示法会浪费大量的存储空间。

图 1-7 中,如果关联矩阵中每列对应的弧顺序为(1,2),(1,3),(2,4),(3,2),(4,3),(4,5),(5,3)和(5,4),则关联矩阵表示为:

$$\begin{bmatrix} 1 & 1 & 0 & 0 & 0 & 0 & 0 & 0 \\ -1 & 0 & 1 & -1 & 0 & 0 & 0 & 0 \\ 0 & -1 & 0 & 1 & -1 & 0 & -1 & 0 \\ 0 & 0 & -1 & 0 & 1 & 1 & 0 & -1 \\ 0 & 0 & 0 & 0 & 0 & -1 & 1 & 1 \end{bmatrix}$$

同样,对于网络中的权,也可以通过对关联矩阵的扩展来表示。例如,如果网络中每条弧

赋有一个权,可以把关联矩阵增加一行,把每一条弧所对应的权存储在增加的列中。如果网络中每条弧赋有多个权,可以把关联矩阵增加相应的行数,把每一条弧所对应的权存储在增加的行中。图 1-7 考虑权的关联矩阵可拓展为:

$$\begin{bmatrix} 1 & 1 & 0 & 0 & 0 & 0 & 0 & 0 \\ -1 & 0 & 1 & -1 & 0 & 0 & 0 & 0 \\ 0 & -1 & 0 & 1 & -1 & 0 & -1 & 0 \\ 0 & 0 & -1 & 0 & 1 & 1 & 0 & -1 \\ 0 & 0 & 0 & 0 & 0 & -1 & 1 & 1 \\ 8 & 5 & 4 & 3 & 4 & 2 & 6 & 1 \end{bmatrix}$$

1.4 交通图的形成

实际的交通网是由不同的交通方式构成的,各点、线都具有不同的技术经济特性,而且包括众多的网络边和节点。典型的城市交通网实际可能有数百个节点和上千条边,网络中的点对、路径更是数量惊人。

路网是指由若干交叉口与路段组成的网状结构。根据网状拓扑结构的简化结果,大致分为两类:一类是线性网络,例如快速路、主干线或铁路线,特点是:起点和终点不唯一,但是在每一对起终点之间只有一条路径可选,每条路径的运行状态由调度控制。另一类是栅格网络,例如由一条条道路与交叉口组成的城市道路网,特点是:该网络不是单起终点的网络,而且每一对起终点之间,可供选择的路径不唯一,每一出行者完全可以根据自己对整个网络的了解程度及所能够获得的每条路径上交通流的信息,选择自己的行驶路径,这样的行为完全是随机的。

对于栅格网络的路网,一个路网就是由有限条边和有限个点组成的栅格网络。路段抽象成边,交叉口及各大集散点抽象成点,每条边连接两个节点,而每个节点连接两条或更多条边。根据不同的使用目的,边可以是有向的,也可以是无向的。每条边具有一定的权重,权重可以是通行能力、行驶时间及长度。实际的路网图 1-8 可以抽象成图 1-9 所示。

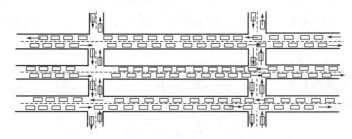

图 1-8 实际路网示意图

网络连通性、网络中不同的运输方式、不同的边,可分别用不同的特征矩阵来表示。

网络邻接矩阵(表达网络连通性):

$$\mathbf{Q} = \{q_{ij}\} \quad q_{ij} = \begin{cases} 0 & (i,j \text{ 两点不相邻}) \\ 1 & (i,j \text{ 两点直接连通}) \end{cases}$$

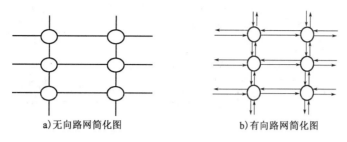

a)无向路网简化图　　　　b)有向路网简化图

图1-9　路网抽象示意图

距离矩阵(边长):

$$L = \{l_{ij}\}$$

式中:l_{ij}——i,j 两点间边的长度,$l_{ij} = \infty$ 表示两点间无直接联系。

通行能力矩阵:

$$P = \{p_{ij}\}$$

式中:p_{ij}——i,j 两点间线路通行能力,$p_{ij} = 0$ 表示两点间无边相连。

费率矩阵:

$$C = \{c_{ij}\}$$

式中:c_{ij}——i,j 两点间单位运输费用(运价、成本)以及其他如速度、能耗、通过时间等各种特性。

另外,每条边上的运输特性均可以用服务特性矢量来表示,如:

$$S_{ij} = \{v,t,f,m,\cdots\}$$

式中:v,t,f,m——速度、时间、费率、服务频率。

第2章 最小树理论

2.1 最小生成树问题

一个无圈的连通图称为树,树具有以下性质:

(1)任意两点之间必有一条且仅有一条链。

(2)去掉任意一条边,则树成为不连通图。

(3)任何两个顶点间添上一条边,恰好得到一个圈。

设有一连通图 $G(V,E)$,对于每一条边 $[v_i,v_j]$,有一权 $w_{ij} \geq 0$,最小树问题就是求图 G 的生成树 T 使得 $W(T) = \sum\limits_{[v_i,v_j] \in T} w_{ij}$ 取得最小值。在 G 的所有生成树中,权数最小的生成树称为 G 的最小生成树。

最小生成树计算常用破圈法和避圈法。

1. 破圈法

图中任取一圈,从圈中去掉一条权最大的边,在余下的圈中,重复这个步骤,直到无圈时为止,即可求出最小生成树。

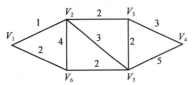

图 2-1 居民出行道路交通图

某城市有 6 个居民点,道路交通图如图 2-1 所示,现要沿道路铺设煤气管道,将 6 个居民点联成网,已知每条道路的长度,求使管道长度最短的铺设方案。

由于煤气管道只能沿着道路布设,并要求通到所有居民点,故表示煤气管道的图必须为道路图的部分图,为了使管道总长最短,图中不应有圈,故原问题为一个求最小树的问题。

任取一圈 $\{V_1,V_2,V_6,V_1\}$,去掉权最大的边 $[V_2,V_6]$;取圈 $\{V_3,V_4,V_5,V_3\}$,去掉权最大的边 $[V_4,V_5]$;取圈 $\{V_2,V_3,V_5,V_2\}$,去掉权最大的边 $[V_5,V_2]$;取圈 $\{V_1,V_2,V_3,V_5,V_6,V_1\}$,去掉权最大的边 $[V_5,V_6]$,得最小部分树。该图即为管道总长最短的铺设方案,管道总长(即最小树的权之和)为 10 个单位,求解过程见图 2-2。

2. 避圈法

先从图中选一条权最小的边,以后每步从未选的边中,选一条权最小的边,使与已选的边不构成圈,直到形成生成树。

用避圈法求图 2-1 的最小树,先取权最小的边 $[V_1,V_2]$,在余下的边中,最小权为 2,这样

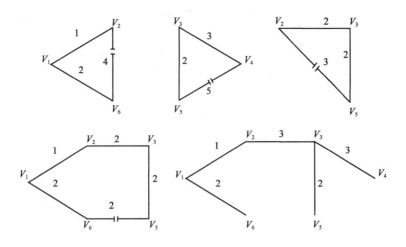

图 2-2 破圈法求解过程

的边有 4 条,可以任取其中的一条,但应不构成圈,故取 $[V_1, V_6]$,再取 $[V_2, V_3]$、$[V_6, V_5]$,这时不能再取边 $[V_3, V_5]$,否则将构成圈。取不构成圈的边中权最小的边 $[V_3, V_4]$,连通所有点形成最小树,求解过程见图 2-3。与破圈法的最小树不一致,但权之和是相同的,都是 10 个单位,可见最小树不是唯一的,但它们的最小权是唯一的。

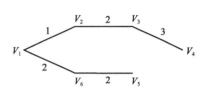

图 2-3 避圈法求解过程

2.2 逐步生成树法

网络节点间最佳连通关系的实现,最小树是一种较为切实可行的方法。但如何在部分重要程度较高的节点之间形成最佳的连通关系,现行的最小树方法难以完全胜任。在求最小树的过程中,为了追求网络诸节点间连通路径的总长度最短,因而也就无法实现其部分节点间连通路径和为最短的愿望。在生成最小树的过程中,无法识别网络中各节点的重要程度,因而也就不可能达到有选择地连通的目的。

在部分重要程度较高的节点之间形成最佳的连通关系,可采用逐步生成树法,结合具体算例说明逐步生成树的计算过程。如图 2-4 所示的网络中,需将 1、5、9 三个节点用较高级别路段连通。

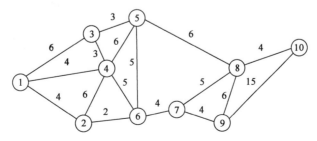

图 2-4 现状网络图

按常规方法生成最小树如图 2-5 所示,三点连通路径和为 24。

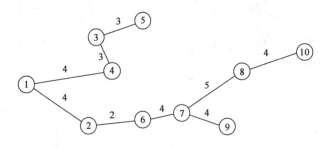

图 2-5 常规方法的最小树

仅将要纳入树的部分节点按最短路连通时形成的网络图,获得的最小树。先将 1、5、9 三点间按最短路连通形成新的网络,如图 2-6 所示;再求最小树,如图 2-7 所示,其权数和为 21。

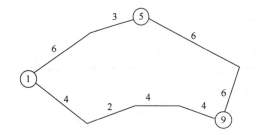

图 2-6 节点 1、5、9 的连通图

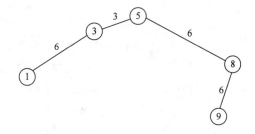

图 2-7 节点 1、5、9 的连通图的最小树

按逐步生成法成图并求最小树。

(1)先将节点 5 和节点 9 按最短路连通,5-8-9;

(2)再将节点 1 纳入,节点 1 与 5、8、9 之间按最短路连接,形成图 2-8;

(3)图 2-8 中除 1、5、9 外,所有节点按最短路连接,所生成新的树形图如图 2-9 所示。所生成的最小树如图 2-10 所示,权数和为 19。

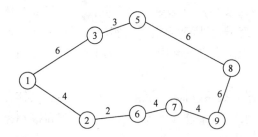

图 2-8 节点 1 与 5、8、9 之间按最短路连接图

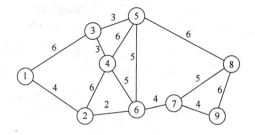

图 2-9 树形结构图

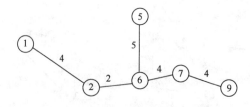

图 2-10 最后的最小树

从分析结果来看,逐步生成法在形成网络中部分节点之间的最小树时,是一种既最能使结果接近优化目标,其操作过程又比较规范的可行方法。

2.3 基于权矩阵的最小生成树算法

根据最小生成树的定义及性质,可以得到如下几个结论(设图 G_1 是图 G 的最小生成树):

(1)G_1 中的各条边权值之和最小;

(2)G_1 中有 n 个顶点 $n-1$ 条边;

(3)G_1 必须是连通的且无回路。

由此可知,只要在一个连通带权图里找到一个同时满足上述三个条件的图,也就找到了该图的最小生成树。

图 G 中各条边的权值已知,可以形成一个 $n \times n$ 的权矩阵 A。元素 a_{ij} 表示第 i 个顶点到第 j 个顶点的边的权值,若顶点 i 与顶点 j 不直接相连,则 $a_{ij}=0$,对角线元素 $a_{ii}=0$。

由于各顶点相连的最短边构成的生成树,其各边的权值和必定最小。首先找出与各个顶点相连的权值最小的边,即在权矩阵 A 中按行找出非零最小元。若一行中同时出现两个非零最小元,表示离该点有两个最近点,即与该点相连的所有边里有两条权值最小的边,可任取其一。如果找出的所有非零最小元中同时出现 A_{ij} 与 A_{ji},表示离顶点 i 最近的是点 j,而离点 j 最近的是点 i,则任意去掉 A_{ij}、A_{ji} 中的一个,然后统计非零最小元的个数 k。至此可以得到这样几个结论:①这 k 个非零最小元的脚标的并集必然包括了 $1,2,\cdots,n$,即由这 k 个非零最小元分别对应的边构成的图有 n 个顶点;②$k \leq n-1$;③构成的图没有回路。

已经知道了非零最小元的个数 k,接下来判断 k 是否等于 $n-1$。若 $k=n-1$,则这 k 条边一定可以构成一个含有 n 个顶点的无回路连通图。而且这 k 个元素分别是权矩阵每行中值最小的,所以它们的和也最小。至此,由这 k 个非零最小元对应的 k 条边构成的图满足了 n 个顶点、$n-1$ 条边、权值和最小、连通且无回路条件,此即为图 G 的最小生成树。

如果 $k < n-1$,说明由这 k 条边构成的图没有连通。在图中,如果边 a_{ij}(顶点 i 与顶点 j 之间的边)与 a_{mn}(顶点 m 与顶点 n 之间的边)相连,那它们必然共用一个顶点,即脚标 ij,mn 必然有交集,否则这两条边就不连通。因此,要判断一条边或一个边的集合(这里把连通的几条边称为边的集合,一个边的集合至少包含两条边,如 $\{a_{12},a_{13},a_{34}\}$)与图中其他边是否相连,只需看这条边的脚标或这个边集合中所有边的脚标的并集与图中其他边的脚标是否有交集。有交集,则说明连通;否则就没有连通。$n-1$ 条边可将 n 个顶点连通,所以根据 $n-1-k$ 的值,可以判断还需几条边才能将 k 条边构成的图连通。由此也限定了应该找到与图中其他边未连通的边(或边的集合)的数目为 $n-1-k$。

找到未连通的边 a_{ij}(或边的集合)后,下一步就应设法找到能将边 a_{ij}(或边的集合)与图中其他边连接起来并且权值最小的边。也就是在权矩阵里分别找出未连通边 a_{ij} 的脚本 i 和 j 对应的行的次非零最小元(前面已经找过每行的非零最小元),然后进行比较,选取值较小的元素。该元素所对应的边就是要寻找的边。如果是边的集合没有连通,则先将这些边的脚标取并集,然后在权矩阵分别找出该并集中每个脚标所对应行的次非零最小元进行比较,取值最小的元素。该元素所对应的边就是满足条件的边。这样,找到的边与前面 k 个非零最小元对

应的 k 条边构成的图就是所求的最小生成树。

算法步骤如下：

步骤1：根据图的顶点数 n 及相应顶点间边的权值形成权矩阵 $\boldsymbol{A}$。主对角线元素 $A_{ii}=0$，若顶点 i 与顶点 j 不直接相连，$A_{ij}=0$。

步骤2：在权矩阵 $\boldsymbol{A}$ 中，按行搜索非零最小元。若某行中有几个非零最小元，则任取其一。记录各行的非零最小元及其脚标，并将权矩阵中对应的该元素赋值为0，关于对角线对称的元素也应为0，得到新的权矩阵 $\boldsymbol{B}$（这样后面寻找行的次非零最小元就转换成寻找该行的非零最小元）。比较找到的所有非零最小元，如果同时存在 A_{ij}, A_{ji}，则去掉其中一个。统计此时非零最小元的个数 k。

步骤3：比较 k 与 $n-1$ 的大小。若 $k=n-1$，则由这 k 个元素对应的 k 条边构成的图即为所求最小生成树结束。若 $k<n-1$，说明这 k 条边构成的图没有连通，转步骤4。

步骤4：在剩下的边中寻找权值最小的 $n-1-k$ 条边，使 k 个非零最小元对应的 k 条边构成的图连通。

首先，判断第一个非零最小元的脚标与其余非零最小元的脚标是否有交集。若没有交集，则说明第一个非零最小元所对应的边与其他边没有连通。若有交集，则将与之有交集的所有元素的脚标和第一个非零最小元的脚标取并集，然后再判断此并集与剩余元素的脚标是否有交集。直到发现没有交集，从而找出未连通的边（或边的集合）。

每找到一条未连通的边或一个未连通的边的集合，z 加1（z 的初值为0）。若 $z<n-1-k$，在剩下的非零最小元里继续寻找未连通的边（或边的集合），直到 $z=n-1-k$ 停止寻找。

找到未连通的边（或边的集合）后，在权矩阵里分别找出该边的横、纵脚标所对应的行的非零最小元（如果边的集合，可将所有边的脚标取并集，然后找出并集中每个元素对应的行的非零最小元），然后进行比较，选取值最小的元素（若出现两个及以上最小值，则任取其一）。此元素所对应的边即为要寻找的边。由寻找到的边与之前 k 个非零最小元对应的 k 条边构成的图即为所求的最小生成树。

某市区有8个住宅小区需要铺设天然气管道，各个小区的位置及它们之间可修建的管道路线与费用如图2-11所示。现要设计一个管道铺设路线，要求天然气能输送到各个小区并且修建的总费用最小，图中顶点代表各小区，边代表可以修建的管道路线，边上的数字代表修建该管道所需的费用。这样就构成了一个赋权连通图，从而将问题转化为求最小生成树。

步骤1：由赋权图形成权矩阵 $\boldsymbol{A}$。

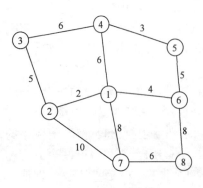

图2-11 一个简单的管道铺设图

$$A = \begin{bmatrix} 0 & 2 & 0 & 6 & 0 & 4 & 8 & 0 \\ 2 & 0 & 5 & 0 & 0 & 0 & 10 & 0 \\ 0 & 5 & 0 & 6 & 0 & 0 & 0 & 0 \\ 6 & 0 & 6 & 0 & 3 & 0 & 0 & 0 \\ 0 & 0 & 0 & 3 & 0 & 5 & 0 & 0 \\ 4 & 0 & 0 & 0 & 5 & 0 & 0 & 8 \\ 8 & 10 & 0 & 0 & 0 & 0 & 0 & 6 \\ 0 & 0 & 0 & 0 & 0 & 8 & 6 & 0 \end{bmatrix}$$

步骤2:在权矩阵 A 中,按行搜索非零最小元。记录各行的非零最小元及其脚标。按行找到的非零最小元依次是:$A_{12}, A_{21}, A_{32}, A_{45}, A_{54}, A_{61}, A_{78}, A_{87}$。将 A 中这些元素所对应的值全部变为0,对角线对称的元素也变为0,形成新的权矩阵 A'。在找出的所有非零最小元中同时出现了 A_{12} 和 A_{21}、A_{78} 和 A_{87}、A_{45} 和 A_{54},故可去掉 A_{21}、A_{54} 和 A_{87}。剩下的非零最小元为 A_{12}, A_{32}, A_{45},A_{61}, A_{78};个数 $k = 5$。

$$A' = \begin{bmatrix} 0 & 0 & 0 & 6 & 0 & 0 & 8 & 0 \\ 0 & 0 & 0 & 0 & 0 & 0 & 10 & 0 \\ 0 & 0 & 0 & 6 & 0 & 0 & 0 & 0 \\ 6 & 0 & 6 & 0 & 0 & 0 & 0 & 0 \\ 0 & 0 & 0 & 0 & 0 & 5 & 0 & 0 \\ 0 & 0 & 0 & 0 & 5 & 0 & 0 & 8 \\ 8 & 10 & 0 & 0 & 0 & 0 & 0 & 0 \\ 0 & 0 & 0 & 0 & 0 & 8 & 0 & 0 \end{bmatrix}$$

步骤3:比较 k 与 $n-1$ 的大小。$k = 5$,$n - 1 = 8 - 1 = 7$,所以 $k < n - 1$。转步骤4。

步骤4:寻找权值最小的 $n - 1 - k$ 条边,使 k 个非零最小元对应的边构成的图连通。$n - 1 - k = 8 - 1 - 5 = 2$,说明还需要两条边才能使已有边构成的图连通。

第一个非零最小元 A_{12} 的脚标 12 分别与 A_{32}, A_{61} 的脚标有交集,说明这三个元素对应的边是连通的。将脚标 12、32、61 取并集,再判断此并集与剩余元素 A_{45}, A_{78} 的脚标是否有交集。很明显,并集(1236)与 45、78 都没有交集,且 45 与 78 之间也没有交集。因此知道 A_{45} 与 A_{78} 所对应的边互不相连,并且和其他三条边也没有连通。

在步骤2中已经将 A_{45} 和 A_{54} 的值变为 0 了,所以只需在现有权矩阵 A' 的第 4 行和第 5 行中分别找出一个非零最小元,二者取小值,从而得到 A_{56}。在现有权矩阵 A' 的第 7 行和第 8 行中分别找出一个非零最小元,二者取小值,$A_{71} = A_{86}$,这里取 A_{86}。A_{56} 和 A_{86} 分别对应的边就是要寻找的两条边。

这样,由 $A_{12}, A_{32}, A_{45}, A_{56}, A_{61}, A_{78}, A_{86}$ 分别对应的边构成的图即为所求的最小生成树,如图 2-12 所示。

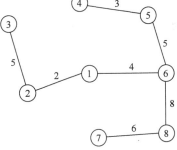

图 2-12 原管道铺设图的最小生成树

2.4 有向图的最小树形图

图 2-13a)的有向图 G 中 V_1 表示处于最高地势的水源,其他顶点表示需要灌溉的地,各条弧代表可以选来修建渠道的线路,弧的方向指出地势的高低。例如 V_3 到 V_5 有弧表示水可以从高地势的 V_3 流到低地势的 V_5。现在需要解决的问题是:应该选择哪几条路线修建渠道才最节省?

如果不考虑弧的方向,求最小生成树,那么求得的将是图 2-13b),弧总长是 12。但是按这个图修渠道是行不通的,因为 V_1 的水流不到 V_3 和 V_5。要使各块地都能得到灌溉而且总长度又最小的设计方案应该是图2-13c),虽然它的弧总长是17,但是它是图2-13的水能流到各块地的最小值。

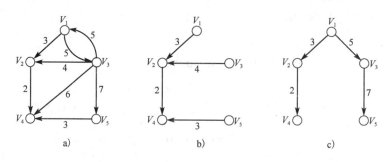

图 2-13　最小树形图

分析一下图2-13b)和图2-13c)有什么特点,显然它们的公共特点是:如果不考虑方向,它们都是树,即它们的相伴无向图是树。但是作为一个渠道设计的方案来说,单单是具有这个性质还不够,它至少还需要一个性质,就是水源的水能流到各块地上去。

设 $G = (V,A)$ 是一个有向图,如果它具有下述性质:①G 不包含有向圈;②存在一个顶点 V_i,它不是任何弧的终点,而 V 的其他顶点都恰好是唯一的一条弧的终点。则称 G 是以 V_i 为根的树形图。

显然图2-13c)中的图代表的渠道设计方案是可行的,原因就在于它是一个树形图。而图2-13b)不可行,就是因为它不是树形图。

由树形图的定义,引出最小树形图的概念:设给定了有向图 $G = (V,A)$,它的每条弧都有一个非负的长度,现在要从 G 的所有以 V_i(相当水源)为根的树形图中,找出弧的总长度最小的树形图来。

显然选择最节约的渠道设计方案问题可以归结为求最小树形图的问题。求最小树形图要比求最小生成树麻烦一些,假设指定为根的顶点是 V_i。

步骤1:求最短弧集合 A_0。

从所有以 V_2 为终点的弧中取一条最短的,再从以 V_3 为终点的弧中取一条最短的…若在选取以 $V_2, V_3, \cdots, V_n$ 为终点的最短弧的过程中发现一个顶点 $V_j (V_j \neq V_1)$ 不是图 G 中任何弧的终点,这时计算结束,因为显然 G 中不存在以 V_1 为根的最小树形图。

若得到以 $V_2, V_3, \cdots, V_n$ 为终点的 $n-1$ 条最短弧,把这些弧组成的集合称作 A_0,A_0 是图 G 的一个生成图,A_0 是所有具备了树形图性质(2)的生成子图中弧总长度最短的一个。但是 A_0 是否一定具备了树形性质(1),一定为 G 的最小树形图呢?

例如对于图2-14a)中的有向图 G 来说,用上述办法得到的生成子图 A_0 就是图2-14b)中的图,它有两个有向圈 C_1 和 C_2,因此 A_0 不是 G 的树形图。

步骤2:检查 A_0。

若 A_0 没有有向圈且不含收缩点,则计算结束,A_0 就是 G 以 V_1 为根的最小树形图 H;若 A_0 没有有向圈,但含收缩点,则转步骤4,若 A_0 含有有向圈 $C_1, C_2, \cdots, C_n$,则转入步骤3。

步骤3:收缩 G[见图2-14a)]中的有向圈。

把 G 中的 $C_1, C_2, \cdots, C_n$ 分别收缩成顶点 $U_1, U_2, \cdots, U_n$,G 中两个端点都属于同一个有向

圈 G_i 的弧都被收缩掉了,其他弧仍保留,得到一个新的图 G_1。G_1 中以收缩点为终点的弧 A_k 的长度要发生变化,变化的规律是:设 A_k 的终点是收缩点 U_i,并且有向圈 G_i 中,与 A_k 有相同终点的弧 A_t,则

$$A_k \text{ 在 } G_1 \text{ 中的长度} = L(A_k) - L(A_t)$$

式中:$L(A_k)$,$L(A_t)$——弧 A_k 与 A_t 在 G 中的长度。

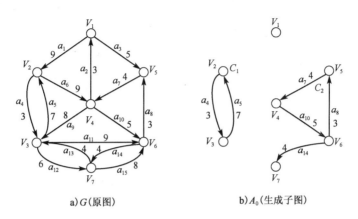

a) G(原图)　　　　b) A_0(生成子图)

图 2-14　求 A_0

按上述收缩的规律,图 2-14 中 G 应该变成图 2-15 中的 G_1。即把 G 中有向圈 C_1 和 C_2 [图 2-14b)] 分别收缩成 G_1 中的顶点 U_1 和 U_2,U_1 和 U_2 称为收缩点。

那么,G 中有向圈 C_1,C_2,$\cdots$,C_n 被收缩后得到的 G_1,与原来的 G 有什么关系呢?

(1)如果 G_1 没有以 V_1 为根的树形图,那么 G 也没有以 V_1 为根的树形图;

(2)如果 H_1 是 G_1 的以 V_1 为根的树形图,那么可以通过某种"展开"的方法(由步骤 4 给出),得到 G 以 V_1 为根的树形图。因此,必须返回步骤 1,求 G_1 的以 V_1 为根的树形图。

步骤 4:展开收缩点。

对图 2-15 求最短弧集合 A_1 的结果,如图 2-16a)所示。

由于 A_1 没有有向圈,显然 A_1 就是 G_1 的以 V_1 为根的最小树形图 H_1。但 H_1 含收缩点 U_1 和 U_2,如何将它们"展开",求得 G_1 的以 V_1 为根的最小树形图呢?

展开办法:所有 G_1 中属于 H_1 的弧在 G 中都仍属于 H_0;将每一个收缩点 U_i 展开成有向圈 C_i,C_i 中除去一条与 H_1 中的弧有相同终点的弧外,其他的弧都属于 H_0。

根据上述展开办法,H_0 首先应该包含 H_1 中的弧 a_1,a_{13},a_{14}。另外应该把 U_1 和 U_2 展开成 C_1 和 C_2,并去掉 C_1 中与

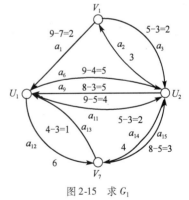

图 2-15　求 G_1

H_1 中的 a_{13} 有公共终点的 a_4 和去掉 C_2 中与 H_1 中的 a_8 有公共终点的 a_8,得到 H_0 [见图 2-16b),图中虚线弧是展开时去掉的弧,它们不属于 H_0]。

求 G 的最小树形图 H 的算法可以简述成:对 G 求最短弧集合 A_0。若 A_0 不存在,则 G 没有树形图。若 A_0 存在且不含有向圈,则 A_0 即为 G 的最小树形图 H;若 A_0 含有有向圈,那么收缩 A_0 中的有向圈得到图 G_1。

对于 G_1 来说,如果求得的 A_1 还包含有向圈,那么还要收缩,得到 G_2;对图 G_2 求出 A_2;这

样做下去,一直得到一个 G_s,它没有树形图(这时可以肯定 $G_{s-1}, \cdots, G_1, G_0$ 也都没有树形图),或它对应的 A_s 不包含有向圈,即 A_s 是 G_s 的最小树形图 H_s。这时,通过步骤 4 的展开求出 G_{s-1} 的最小树形图 H_{s-1},再展开直至得到 G 的最小树形图 H。

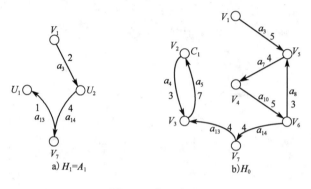

图 2-16　求 A_1 和 H_0

第3章 图的连通性

3.1 图的连通度及边的连通度

图的连通性是交通系统网络分析的基础,图的许多性质都和图的连通性有着密切的关系。图 $G = (V, E)$ 的一个点和边交替出现的有限序列为:

$$W = v_0 e_1 v_1 e_2 v_2 \cdots v_{k-1} e_k v_k$$

则称 W 是 G 的一条从 v_0 到 v_k 的途径,边数即为途径的长度。如果 $G = (V, E)$ 的任何两个顶点 u, v 在 G 中存在一条 $(u-v)$ 的路,则称是 G 连通图,否则为非连通图。对于无向图只有连通与不连通之分,而对于有向图则有各种不同的连通性。

连通性是图的最重要的性质之一,通过研究图的连通性来考察网络的可靠性与稳定性。图的连通性越大,所对应的网络的可靠性就越高,稳定性也就越好。在对图的连通性考察中,往往会出现两类情形:①为了破坏原图的连通性,至少去掉多少条边? ②如果原图连通,去掉有限条边后,图是否还能连通?

所谓从图 G 中删除若干边,是指从图 G 中删除某些边(定义为子集 E_1),但 G 中的顶点全部保留,剩下的子图记为 $G - E_1$。如图 3-1 所示,根据图的连通性定义,四个图均为连通图,但其连通程度不同。根据从图中删除边的规则,对于图 G_1,去掉任意一条边后所形成的新图均不连通;对于图 G_2,去掉任一条边后所形成的新图仍连通,但去掉 $\{e_1, e_2\}$ 这两条边后所形成的新图不连通;对于图 G_3,同样去掉 $\{u_1 u_2, u_1 u_5\}$ 两条边后新图不连通;对于图 G_4,连通性最好,去掉任意两条边后仍连通。

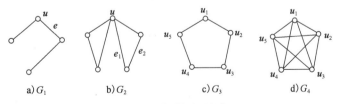

图 3-1　不同图的连通程度

图的(点)连通度的定义:一个具有 N 个顶点的图 G,在去掉任意 $k - 1(1 \leq k \leq N)$ 个顶点后,所得的子图仍连通,而去掉 k 个顶点后的子图不连通,则称 G 是 k 的连通图,k 称作图 G 的(点)连通度,记作 $k(G)$。

A, B 是无向图 G 的两个顶点,称从 A 到 B 的两两无公共顶点的轨为独立轨(或者说,A, B 是有向图 G 的两个顶点,称从 A 到 B 的两两无公共顶点的有向轨为有向独立轨),A 到 B 独立轨的最大条数(A 到 B 有向轨的最大条数),记作 $P(A,B)$。

例如,图 3-2 的一个具有 7 个顶点的连通图,从顶点 1 到顶点 3 有三条独立轨,即 $P(1,3)=3$:1-2-3、1-7-3、1-6-5-4-3。

如果分别从这 3 条独立轨中,每条轨抽出一个内点,在 G 图中删掉,则图不连通。例如去掉顶点 2、7、6,或者去掉 2、7、5,或者去掉 2、7、4。

很容易得出 $P(2,4)=P(2,5)=P(2,6)=P(3,5)=P(3,6)=P(4,6)=P(4,1)=3$。即每两个不相邻的顶点间,都最多有 3 条独立轨。每轨任删一个内点,也会使图 G 变成不连通。显然 $k(G)=3$。

若连通图 G 的两两不相邻顶点间的最大独立轨数不相同,则最小的 $P(A,B)$ 值即为 $k(G)$。

$$k(G) = \begin{cases} 顶点数 - 1 & G 为(双向)完全图 \\ \min_{A,B不相邻} P(A,B) & G 非(双向)完全图 \end{cases}$$

图的边连通度的定义:具有 $|e|$ 条边的图 G,任意去掉 $k-1(1 \le k \le N)$ 条边后,所得的子图仍连通,而去掉 k 条边后的子图不连通,则称 G 是 k 边连通图。k 称作图 G 的边连通度,记作 $k'(G)$。

A,B 是无向图 G 的两个顶点,称从 A 到 B 的两两无公共边的轨为弱独立轨(或者说,A,B 是有向图 G 的两个顶点,称从 A 到 B 的两两无公共边的有向轨为有向弱独立轨),A 到 B 弱独立轨的最大条数(A 到 B 有向弱独立轨的最大条数),记作 $P'(A,B)$。

例如,图 3-3 是一个具有 6 条边的连通图,从顶点 1 到顶点 4 有 2 条弱独立轨,即 $P'(1,4)=2$:(e_1,e_2,e_3)、(e_6,e_5,e_4)。

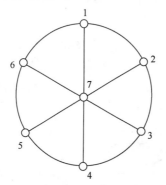

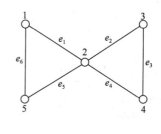

图 3-2　7 个顶点的连通图　　　　　图 3-3　6 条边的连通图

如果分别从这两条弱独立轨中,每轨取一条边,在 G 图中去掉,则图不连通。例如去掉 e_1、e_6,或去掉 e_1、e_5,或去掉 e_3、e_4 等。

很容易得出 $P'(1,3)=P'(5,3)=P'(5,4)=2$,即每两个不相邻的顶点间,都最多有 2 条弱独立轨。每轨任删一个内点,也会使图 G 变成不连通。显然 $k'(G)=2$。

若连通图 G 的两两不相邻顶点间的最大弱独立轨数不相同,则最小的 $P'(A,B)$ 值即为 $k'(G)$。

$$k'(G) = \begin{cases} 顶点数 - 1 & G 为(双向)完全图 \\ \min_{A,B不相邻} P'(A,B) & G 非(双向)完全图 \end{cases}$$

3.2 路网连通性指标

路网由节点和边组成，它们的连通方式很多。连通性反映了路网中各节点的连通状况，体现了网络结构上的特征。路网连通性通过以下几个指标来衡量：

(1)网络连通度 C：指研究区域内各交通产生和吸引点依靠道路相互连通的强度，从路网布局方面反映路网的结构特点，计算公式如下：

$$C = \frac{L}{YHn} = \frac{L}{Y\sqrt{An}}$$

式中：C——研究区域内道路网络的连通度；

L——区域内道路网总里程(km)；

H——相邻两交叉口间的平均空间直线距离(km)；

A——研究区域面积(km²)；

n——研究区域应连通的交叉个数；

Y——非直线系数，为各交叉口间实际线路总里程与直线里程之比。

理想状态时，道路是直线形的，$Y = 1$，则 $C = \frac{e}{n}$(式中 e 为路网的边数)。

(2)α 指数：指网络的实际回路数与可能存在的最大回路数之比，也称为网络的基回路数。基回路数表示网络的边数与它的支撑树的边数之差，表示网络中回路的多少，在一定意义上反映了网络连通程度，其计算公式如下：

$$\alpha = \frac{e - n + 1}{2n - 5}$$

α 指数是度量网络回路性的指标，其数值变化在 $0 \sim 1$ 之间。指数 α 接近 0 时，意味着没有回路；指数 α 接近 1 时，说明网络已达到最大限度的回路数目，作为平面网络，其每个面都是三角形。

(3)β 指数：网络内每一节点所邻接的边的平均数目。

$$\beta = \frac{2e}{n}$$

β 指数是度量一个节点与其他节点联系难易程度的指标。

(4)γ 指数：指网络的实际边数与它可能存在的最大边数的比值。

$$\gamma = \frac{e}{3n - 6}$$

对于连通网络来说，$\frac{1}{3} < \gamma < 1$，当 γ 接近 $\frac{1}{3}$ 时，网络呈树状；当 γ 接近 1 时，网络近似于最大平面网络。

上述诸定义中的各个指标都从不同角度反映了路网的连通程度，它们之间有着很密切的关系。从解析表达式中可以看出，当网络 N 的节点数 n 比较大时，不难得出如下近似关系：

$$\alpha \approx \frac{1}{2}C; \beta \approx 2C; \gamma \approx \frac{1}{3}C$$

（5）指数（连通度）K：为反映网络结构方面的差异特征，记 k_{ij} 为在网络 N 中使得节点 v_i, v_j（$i \neq j$）不连通所要移去的最少边数，称 k_{ij} 为点对 v_i, v_j 在网络 N 中的连通度。定义路网的连通度为网络 N 中所有点对在网络中的连通度的平均值，记为 K，即

$$K = \frac{1}{n(n-1)} \sum_{v_i, v_j \in V} k_{ij} \qquad (i \neq j)$$

K 的物理意义是在网络中任意两点间平均有 K 条边不相交的道路相连通。

图 3-4 所示的公路网，$e = 7$，$n = 6$，各指标计算结果见表 3-1。两个公路网在结构上有明显的不同，前四个指标却完全相同，网络结构上的差异可以通过评价指标 K 来体现。

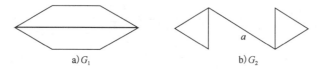

图 3-4　公路网示意图

两个公路网的评价指标　　　　　　　　　　　　　　　　　　　　　表 3-1

公路网	连通度 C	α 指数	β 指数	γ 指数	K 指数
G_1	7/6	2/7	7/3	7/12	31/15
G_2	7/6	2/7	7/3	7/12	7/5

3.3　区域公路网连通度

1. 影响区域公路网连通能力的因素

连通性是反映交通网络中各节点连通状况，体现网络结构性能的一个重要指标。表征连通性的指标有节点连通度和网络连通度，节点连通度是度量一个节点与其他节点连通状况的评价指标，网络连通度则是从整体上反映路网中各节点连通状况的指标。

传统的连通度常用公路网的边数或路径条数、节点数以及它们之间的关系来表示，这类方法既没有考虑地区经济差异影响带来的节点不平衡性，也没有分析公路技术等级及功能差异对边的影响，因而仅适用于节点和边的属性相似且分布比较均匀的公路网评价，在连通度相同的情况下，网络结构可能有很大的差异。

在区域公路网中，等级高的公路和等级差的公路所体现的连通程度是明显不同的。公路网络连通能力是反映网络中各节点连通状况的程度的指标，具体可以表现在公路适应交通量、公路重要度和节点重要度 3 个方面。

1）公路适应交通量

连通所体现的价值是车辆在节点之间的位移，对于等级高的公路，由于其通行能力大，连通所体现的价值也大。在交通量一定的情况下，公路设计通行能力越大，公路能提供的服务水平也越高，其堵塞的概率也越低。因此，路网容量是评价区域公路网连通性的重要指标，这里可用公路适应交通量（将各种车辆折合成小客车的年平均日交通量）来表示。

公路适应交通量在公路设计文件里有明确的定值（设计年限平均昼夜交通量），具体见

表 3-2。

公路适应交通量的取值范围(辆) 表 3-2

高 速 公 路			一 级		二级	三级	四 级	
四车道	六车道	八车道	四车道	六车道	双车道	双车道	双车道	四车道
25 000 ~ 55 000	45 000 ~ 80 000	60 000 ~ 100 000	15 000 ~ 30 000	25 000 ~ 50 000	5 000 ~ 15 000	2 000 ~ 6 000	<2 000	<400

2)公路重要度

公路重要度是描述公路在区域路网内重要程度的相对指标。当某条公路在区域公路网中的地理位置较好时,该条公路吸引的车辆也更多,公路有可能得到更充分利用,其体现的适应交通量也更具有现实意义。因此,在计算连通度时,公路重要度可以看作是公路适应交通量的权重。

从中国公路的规划及发展现状可以看出,行政级别越高的公路,在国民经济中的地位和作用往往越强。可将行政级别作为确定公路重要度的关键因素,依次确定高速公路、主干国道、一般国道、省道、县道、乡道的线性权重系数为 10:5:3:3:2:1。

3)节点重要度

在区域公路网中,由于各节点在社会经济发展水平和地理条件等方面的差异,节点在交通网络中的地位是不同的。对于路网中的某一节点,如果该节点与重要度大的节点联系得紧密,其连通能力显然要大些。

节点重要度的影响因素既包括政治、社会、军事等定性因素,也包括面积、人口、经济发展水平、交通需求等定量因素。其中,定性因素的取值可以在对规划节点全面考察的基础上,由专家打分得到,定量因素的取值可以根据统计资料计算。

2. 区域公路网连通度的计算模型

1)区域公路网连通度的定义

将区域公路网定义为不含环的无向连通图 $G(V,E)$,其中 V 为节点集,包括城镇和公路交叉口,$V = \{v_1, v_2, v_3, \cdots, v_{n-1}, v_n\}$;$E$ 为边集,指公路,令 $E = \{e_{ij}^l\}$,e_{ij}^l 表示连接节点 v_i 和节点 v_j 的第 l 条公路,$v_i, v_j \in V$,且 v_i 和 v_j 仅有 m_{ij} 条公路直接相连,$i, j \in \{1, 2, \cdots, n\}$,$l \in \{1, 2, \cdots, m_{ij}\}$。

节点 v_i 和节点 v_j 的连通度是反映节点 v_i 和节点 v_j 连通状况的指标,它分为直接连通度 r_{ij} 和间接连通度 d_{ij}。r_{ij} 表示通过直接连接节点 v_i 和节点 v_j 的 m_{ij} 条公路计算出来的连通度,d_{ij} 表示通过矩阵乘法法则得到的连通度。节点 v_i 的连通度 Z_i 是反映节点 v_i 与其他节点连通状况的指标,网络连通度 Z 则是反映区域公路网连通状况的指标。

连通度 r_{ij} 越大,表示节点 v_i 与节点 v_j 的连通性越好。Z_i 越大,表示节点 v_i 在整个网络中的连通性越好。Z 越大,表示整个网络的连通性越好,网络结构越合理。

2)区域公路网连通度的计算

(1)直接连通度。当节点 v_i 和节点 v_j 有公路直接相连时,对于连接点 v_i 和节点 v_j 的 m_{ij} 条公路,记第 l 条公路 e_{ij}^l 的适应交通量为 $Q(e_{ij}^l)$,重要度为 $W(e_{ij}^l)$。在不考虑其他公路和节点的影响下,可以计算直接连通度为:

$$r_{ij} = \sum_{t=1}^{m_{ij}} \left[Q(e_{ij}^l) \right]^{\alpha} \left[W(e_{ij}^l) \right]^{\beta} \qquad (i \neq j)$$

式中：α、β——公路适应交通量和公路重要度的权重系数。

在路网建成初期，当交通量不大时，行政因素对网络结构的形成有较大的推动作用，α 值取大一些；在交通发展到一定规模时，系统管理者更看重基础设施的供给能力，β 值取大一些。

为直观比较区域公路网内的节点连通度的大小，可对 r_{ij} 进行等比例缩小处理：

$$r_{ij} = \frac{r_{ij}}{\max\limits_{i \in n, j \in n} \{r_{ij}\}}$$

根据节点间的直接连通度，可以得到网络邻接矩阵 $\boldsymbol{R} = [r_{ij}]$，即

$$\boldsymbol{R} = \begin{Bmatrix} r_{ij} \\ 0 \end{Bmatrix}$$

式中，当 $\boldsymbol{R} = r_{ij}$ 时，表示 v_i 和 v_j 之间至少存在一条直接相连的公路；当 $\boldsymbol{R} = 0$ 时，表示 v_i 和 v_j 之间不存在直接相连的公路，或 v_i 和 v_j 是统一节点，即 $i = j$。

（2）间接连通度。通过邻接矩阵 $\boldsymbol{R}$，采用矩阵乘法可得：

$$\boldsymbol{R}^k = \left[r_{ij}^{(k)} \right]_{n \times n}$$

$$r_{ij}^{(k)} = \sum_{h=1}^{n} r_{ih}^{(k-1)} r_{hj}$$

式中：$r_{ij}^{(k)}$——由节点 v_i 出发经 $k-1$ 个中间节点到达节点 v_j 的间接连通度；

h——节点编号。

引入间接连通度矩阵：

$$D = (d_{ij})_{n \times n}$$

其中，d_{ij} 的计算为：

$$d_{ij} = \begin{cases} \max\limits_{k=1,2,\cdots,n-1} r_{ij}^{(k)} & i \neq j \\ 0 & i = j \end{cases}$$

（3）节点连通度。通过间接连通度矩阵和节点重要度，可以求出节点 i 的连通度：

$$Z_i = \sum_{j=1}^{n} d_{ij} w_i w_j \qquad (i = 1, 2, \cdots, n)$$

式中：w_i、w_j——节点 v_i 和节点 v_j 的重要度。

（4）路网连通度。通过节点连通度可以求出任意节点的平均连通度，即路网的连通度：

$$Z = \frac{\sum\limits_{i=1}^{n} Z_i}{n} \qquad (i = 1, 2, \cdots, n)$$

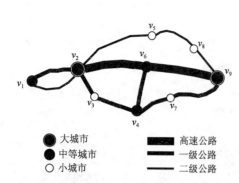

图3-5　区域公路网的结构图

3. 实例计算与分析

某区域已经形成连接 2 个大城市、3 个中等城市、4 个小城市的不同等级的公路网络，如图 3-5 所示。各级公路的适应交通量和行政级别见表 3-3。

区域公路网的拓扑参数和直接连通度　　　　表3-3

e_{ij}^l			公路行政级别	公路技术等级	$Q(k_{ij}^l)$（辆/d）	$W(k_{ij}^l)$	r_{ij}
i	j	l					
1	2	1	一般国道	二	16 000	3	0.229
		2	县道	三	8 000	2	
2	3	1	一般国道	二	20 000	3	0.107
2	5	1	县道	三	9 000	2	0.029
2	6	1	高速公路	一	28 000	10	1.000
3	4	1	一般国道	二	20 000	3	0.107
4	6	1	省道	三	16 000	3	0.080
4	7	1	一般国道	二	18 000	3	0.086
5	6	1	省道	三	12 000	2	0.029
5	8	1	县道	三	9 000	2	0.021
6	9	1	高速公路	一	28 000	10	1.000
7	9	1	一般国道	二	18 000	3	0.086
8	9	1	县道	三	10 000	2	0.029

假定节点重要度的平均值为1,选择人口、工农业总产值和商品零售总额3项指标作为网络节点的定量分析标准,得到各城市的节点重要度,见表3-4。

区域公路网的节点重要度　　　　表3-4

节点号	v_1	v_2	v_3	v_4	v_5	v_6	v_7	v_8	v_9
节点重要度 w_i	0.90	2.07	0.63	1.17	0.36	1.08	0.54	0.45	1.80

取 $\alpha = \beta = 1$,得到任意两节点之间的直接连通度 r_{ij}。

$$\boldsymbol{R} = \begin{bmatrix} 0 & 0.229 & 0 & 0 & 0 & 0 & 0 & 0 & 0 \\ 0.229 & 0 & 0.107 & 0 & 0.029 & 1.000 & 0 & 0 & 0 \\ 0 & 0.107 & 0 & 0.107 & 0 & 0 & 0 & 0 & 0 \\ 0 & 0 & 0.107 & 0 & 0 & 0.080 & 0.086 & 0 & 0 \\ 0 & 0.029 & 0 & 0 & 0 & 0.029 & 0 & 0.021 & 0 \\ 0 & 1.000 & 0 & 0.080 & 0.029 & 0 & 0 & 0 & 1.000 \\ 0 & 0 & 0 & 0.086 & 0 & 0 & 0 & 0 & 0.086 \\ 0 & 0 & 0 & 0 & 0.021 & 0 & 0 & 0 & 0.029 \\ 0 & 0 & 0 & 0 & 0 & 1.000 & 0.086 & 0.029 & 0 \end{bmatrix}$$

经计算,可以得到间接连通度矩阵 $\boldsymbol{D}$。

$$D = \begin{bmatrix} 0 & 1.002 & 0.117 & 0.088 & 0.029 & 1.983 & 0.091 & 0.028 & 0.974 \\ 1.002 & 0 & 0.510 & 0.786 & 0.251 & 8.675 & 0.398 & 0.124 & 8.713 \\ 0.117 & 0.512 & 0 & 0.107 & 0.015 & 1.011 & 0.046 & 0.015 & 0.496 \\ 0.088 & 0.786 & 0.107 & 0 & 0.022 & 0.761 & 0.086 & 0.011 & 0.764 \\ 0.029 & 0.251 & 0.015 & 0.220 & 0 & 0.249 & 0.011 & 0.021 & 0.241 \\ 1.983 & 8.675 & 1.011 & 0.761 & 0.249 & 0 & 0.788 & 0.246 & 8.434 \\ 0.091 & 0.398 & 0.046 & 0.086 & 0.011 & 0.788 & 0 & 0.011 & 0.387 \\ 0.028 & 0.124 & 0.015 & 0.011 & 0.021 & 0.246 & 0.011 & 0 & 0.121 \\ 0.974 & 8.713 & 0.496 & 0.764 & 0.244 & 8.434 & 0.387 & 0.121 & 0 \end{bmatrix}$$

根据节点重要度和间接连通度得到表 3-5 所示的节点连通度。节点联系难易程度由大到小的顺序是：v_2，v_9，v_6，v_1，v_4，v_3，v_7，v_5，v_8。

区域公路网的节点重要度 表 3-5

节点号	v_1	v_2	v_3	v_4	v_5	v_6	v_7	v_8	v_9
节点连通度 Z_i	5.59	57.04	2.08	4.72	0.47	40.04	1.4	0.36	53.24

由此可得区域公路网的连通度为 $Z = 18.33$。

3.4　城市交通网络可达性指标

城市交通网络可达性是表示路网特性的一个重要指标,用来反映网络中各节点间交通的便捷程度。城市交通网络可达性通常由节点可达性来表征,节点可达性主要反映路网中某一节点与其他各节点间的相互关系以及该节点在路网中的地位,反映节点对外交通联系的便捷程度。节点之间若有路线连接,则可保证连通性,但不同的路线等级和连接方式将具有不同的便捷程度,即不同的可达性。

可以从两个层次来理解可达性:一是从城市交通网总体角度上来理解可达性指标;二是从城市某一点、某一区域来理解可达性指标。后者又可以从两个角度来分析,一方面,分析从城市其他各点、各区到该点、该区的方便性;另一方面,分析从这一点、这一区到城市其他地方的方便性。这两方面的意义并非等同,作为一个店主、商人或者公共娱乐场所的经理,对前一方面的可达性比较感兴趣,而作为一般居民,则对后一方面的可达性更感兴趣。

针对上面所说的不同方面提出不同的可达性指标,针对各区居民日常生活、工作出行情况,提出可动性指标;针对市中心、商业中心等重要交通集散地的吸引力,提出易达性指标;针对全市居民总体可达性,提出通达性指标。

通达距离矩阵 $S(s_{ij})$,其中 s_{ij} 是 i 小区到 j 小区的最短路径长度。

$$S = (s_{ij}) = \begin{bmatrix} s_{11} & s_{12} & \cdots & s_{1n} \\ s_{21} & s_{22} & \cdots & s_{2n} \\ \vdots & \vdots & \cdots & \vdots \\ s_{n1} & s_{n2} & \cdots & s_{nn} \end{bmatrix}$$

通达时间矩阵 $T(t_{ij})$,t_{ij} 是从 i 区到 j 区的最短旅行时间。

$$\boldsymbol{T} = (t_{ij}) = \begin{bmatrix} t_{11} & t_{12} & \cdots & t_{1n} \\ t_{21} & t_{22} & \cdots & t_{2n} \\ \vdots & \vdots & \cdots & \vdots \\ t_{n1} & t_{n2} & \cdots & t_{nn} \end{bmatrix}$$

出行人数矩阵 $\boldsymbol{M}(m_{ij})$,其中 t_{ij} 是从 i 区到 j 区的出行人数。

$$\boldsymbol{M} = (m_{ij}) = \begin{bmatrix} m_{11} & m_{12} & \cdots & m_{1n} \\ m_{21} & m_{22} & \cdots & m_{2n} \\ \vdots & \vdots & \cdots & \vdots \\ m_{n1} & m_{n2} & \cdots & m_{nn} \end{bmatrix}$$

1)可动性指标

采用距离度量方法计算可达性指标,其中 i 区的可动性指标定义为空间距离或时间间隔所衡量的可达性。

空间距离表达式:

$$D_i = \frac{\sum\limits_{j=1}^{n} s_{ij} m_{ij}}{\sum\limits_{j=1}^{n} m_{ij}}$$

时间距离表达式:

$$T_i = \frac{\sum\limits_{j=1}^{n} t_{ij} m_{ij}}{\sum\limits_{j=1}^{n} m_{ij}}$$

小区 i 的可动性指标理解为小区 i 的居民出行到其他小区的总的方便程度,也就是小区 i 对整个交通网络的居民出行的贡献强度,是小区 i 自身对整个交通系统作用力的一种衡量。

2)易达性指标

反映的是城市中聚集区的可达性,主要指商业网点、CBD 区的吸引力的衡量指标。

空间距离表达式:

$$D_i' = \frac{\sum\limits_{i=1}^{n} s_{ij} m_{ij}}{\sum\limits_{i=1}^{n} m_{ij}}$$

时间距离表达式:

$$T_i' = \frac{\sum\limits_{i=1}^{n} t_{ij} m_{ij}}{\sum\limits_{i=1}^{n} m_{ij}}$$

尽管易达性指标的表达和可动性的表达式很相似,但两者的意义不同。可动性指标计算对象是矩阵的行元素,因此强调的是小区 i 对外界作用;而易达性指标计算对象是矩阵的列元素,反映了居民出行到达小区 j 的总的方便程度,也就是衡量了外界交通系统对小区 j 的作用。可动性指标和易达性指标就好比是力学中的一对作用力,施加的作用力越大,自然反作用力越大,一般来说可动性好的交通小区,其易达性也好。

3)通达性指标

集合前两种指标反映城市交通网络特性的可达性,定义为通达性指标。

空间距离表达式:

$$\overline{D} = \frac{\sum\limits_{i=1}^{n}\sum\limits_{j=1}^{n} s_{ij}m_{ij}}{\sum\limits_{i=1}^{n}\sum\limits_{j=1}^{n} m_{ij}}$$

时间距离表达式:

$$\overline{T} = \frac{\sum\limits_{i=1}^{n}\sum\limits_{j=1}^{n} t_{ij}m_{ij}}{\sum\limits_{i=1}^{n}\sum\limits_{j=1}^{n} m_{ij}}$$

其中,$\overline{D}$ 和 $\overline{T}$ 的物理意义是城市居民出行最大平均距离或时间,其值越高反映了城市交通网络本身存在缺乏效率的运输系统和不合理的城市土地利用布局,通达性越差。

哈尔滨市 2006 年有各类道路 1789 条,总长度 1263km,城市道路系统为两轴、四环、十射,构成了环形加放射的道路网格局(图 3-6),哈尔滨市共分为 21 个交通分区(图 3-7)。

图 3-6　哈尔滨市干道网络图

研究范围
快速路、主干道
次干道

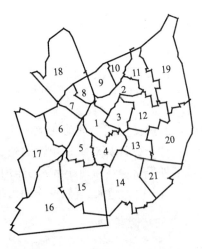

图 3-7　哈尔滨市交通分区图

计算出各交通分区间的最短路矩阵,再由分区间最短路距离和各交通分区间机动车 OD 量计算出哈尔滨市各交通分区的可动性、易达性和通达性(表 3-6)。为细致、具体地分析哈尔滨市干道网络的可达性,将所求的各交通分区的可达性指标进行分类处理分析(表 3-7)。

哈尔滨市居民出行的通达性指标是 3608m,这对于大城市来说是比较适宜的,大城市居民出行一般采用公交车和私家车,一般大约需要 10～20min。就各分区出行可动性指标来看,概率比较集中,基本上在 3～4km,可动性最小的是 16 分区,由于该分区内路网稀疏,出行很不方便,导致区内出行较多,出行距离不远;可动性指标最差的是 18 分区,因为该分区为松花江的北岸,出行时需要绕路到松花江公路大桥。从各交通分区出行易达性来看差异较大,各分区的易达性也集中在 3～4km,15、16、17、18、19 分区的易达性相对差一些,这是因为这些分区处于城市的外围区,面积较大,但可通行道路不多,到达这些分区必须有一些绕路,易达性不好。

哈尔滨市居民出行可达性表(m)　　　　表3-6

交通分区	可动性	易达性	交通分区	可动性	易达性	交通分区	可动性	易达性
1	3869	3211	8	3585	2982	15	3532	4205
2	3424	3115	9	3389	3136	16	1378	5724
3	4063	3451	10	3 365	3 033	17	3 486	4 059
4	3 665	3 232	11	3 044	3 211	18	7 894	8112
5	3 611	3 058	12	3 985	3 802	19	3180	4 403
6	3557	3120	13	3 354	3 111	20	3 754	3 826
7	3 925	2 961	14	3 547	3 237	21	4 963	3 664
通达性				3 608				

哈尔滨市干道网可达性分析表　　　　表3-7

可动性(km)	分区号
1～3	16
3～4	1、2、4、5、6、7、8、9、10、11、12、13、14、15、17、19、20
4～5	3、21
>5	18
易达性(km)	
1～3	7、8
3～4	1、2、3、4、5、6、9、10、11、12、13、14、20、21
4～5	15、17、19
>5	16、18
通达性(m)	
3 608	

哈尔滨市居民出行可达性与城市发展规模基本适应,市中心区区位条件好,可动性、易达性均较好,边远地区的可达性水平较差,既没有很好的交通网络设施,也缺乏必要的学校、商场、医院等公用设施,使这些地区的居民生活质量得不到很好保障。因此,建议哈尔滨市通过城市总体规划及交通规划,合理平衡不同区域的居民可达性水平,主要增加 15、16、17、18、19 分区的可达性,保证城市总体可达性水平保持在适当水平上。

用这三个不同的指标来分别表示居民出行、到达某区、城市交通网络的可达性水平,有以下三点好处:第一,物理意义明确,易理解;第二,当城市交通系统改变时,该指标可以敏感地反映出该区居民可达性的提高或降低;第三,不同居民区,甚至不同城市之间可以直接比较可达性水平的高低。对于不同的城市来说,居民出行最短平均时间、最短平均距离反映了不同城市居民出行的方便性、可达行;对于同一城市来说,道路交通体系的改善立即可以反映出居民出行方便程度的改善。

对每一名具体交通参与者来说,对可达性这一感性概念的判断会极大不同,不同消费群体由于群体特性的差异,对可达性的感受也会不同。但是对于城市交通方便程度的总体评价在不同群体之间却是趋同的,因此可以确定一个基准来反映可达性指标数值的具体物理意义。根据国内外的相关研究结果,确定了不同城市规模、不同出现目的的可达性基准建议值,如表3-8所示。

$$可达性指标基准 = \frac{平均出行距离(km)}{平均出行时间(min)}$$

不同城市规模的可达性基准建议值(km/min) 表3-8

指标 \ 目的		上 班	上 学	购物娱乐等	回 程
特大城市	可动性	$\frac{5 \sim 8}{25 \sim 40}$	$\frac{2 \sim 4}{10 \sim 20}$	$\frac{5 \sim 10}{25 \sim 50}$	$\frac{5 \sim 8}{25 \sim 40}$
	易达性	$\frac{5 \sim 8}{25 \sim 40}$	$\frac{2 \sim 4}{10 \sim 20}$	$\frac{5 \sim 10}{25 \sim 50}$	$\frac{5 \sim 8}{25 \sim 40}$
	通达性	$\frac{4 \sim 7}{20 \sim 35}$	$\frac{1.5 \sim 3.5}{10 \sim 18}$	$\frac{4 \sim 8}{20 \sim 40}$	$\frac{4 \sim 7}{20 \sim 35}$
大城市	可动性	$\frac{3 \sim 6}{15 \sim 30}$	$\frac{1.5 \sim 3.5}{8 \sim 18}$	$\frac{3 \sim 6}{15 \sim 30}$	$\frac{3 \sim 6}{15 \sim 30}$
	易达性	$\frac{3 \sim 6}{15 \sim 30}$	$\frac{1.5 \sim 3.5}{8 \sim 18}$	$\frac{3 \sim 6}{15 \sim 30}$	$\frac{3 \sim 6}{15 \sim 30}$
	通达性	$\frac{2 \sim 5}{10 \sim 25}$	$\frac{1 \sim 2.5}{6 \sim 12}$	$\frac{2 \sim 5}{10 \sim 25}$	$\frac{2 \sim 5}{10 \sim 25}$
中等城市	可动性	$\frac{2 \sim 4}{10 \sim 20}$	$\frac{1 \sim 2.5}{7 \sim 12}$	$\frac{1.5 \sim 4}{8 \sim 20}$	$\frac{2 \sim 4}{10 \sim 20}$
	易达性	$\frac{2 \sim 4}{10 \sim 20}$	$\frac{1 \sim 2.5}{7 \sim 12}$	$\frac{1.5 \sim 4}{8 \sim 20}$	$\frac{2 \sim 4}{10 \sim 20}$
	通达性	$\frac{1.5 \sim 3.5}{8 \sim 18}$	$\frac{0.8 \sim 2}{6 \sim 10}$	$\frac{1 \sim 3}{7 \sim 15}$	$\frac{1.5 \sim 3.5}{8 \sim 18}$
小城市	可动性	$\frac{0.8 \sim 2.5}{6 \sim 12}$	$\frac{0.5 \sim 1.5}{5 \sim 8}$	$\frac{0.5 \sim 2.0}{5 \sim 10}$	$\frac{0.8 \sim 2.5}{6 \sim 12}$
	易达性	$\frac{0.8 \sim 2.5}{6 \sim 12}$	$\frac{0.5 \sim 1.5}{5 \sim 8}$	$\frac{0.5 \sim 2.0}{5 \sim 10}$	$\frac{0.8 \sim 2.5}{6 \sim 12}$
	通达性	$\frac{0.5 \sim 2.0}{5 \sim 10}$	$\frac{0.5 \sim 1.5}{5 \sim 8}$	$\frac{0.5 \sim 2.0}{5 \sim 10}$	$\frac{0.5 \sim 2.0}{5 \sim 10}$

第4章 最短路算法

4.1 单目标最短路

4.1.1 最短路问题

在有向图 $G = (V, E)$ 中,$V = \{v_1, v_2, \cdots, v_n\}$,$E = \{e_1, e_2, \cdots, e_m\}$,$G$ 中每边都有一个非负实数权值,则称 G 为非负赋权图(权可表示距离、费用和时间等)。

设 p 为图 G 中 u 至 v 的路径,则定义 p 的长度:

$$W(P) = \sum_{e \in p} W(e)$$

若 p^* 为 u 至 v 的路径且满足:

$$W(P^*) = \min[W(P)]$$

则称 p^* 为 u 至 v 的最短路径。

最短路问题可以用线性规划或非线性规划方法求解,也可以处理成动态规划问题求解。

许多工程实际问题可以归纳为最短路问题,如交通网络规划、管道铺设等。另外如拟定施工网络计划的关键线路法,实际上是求工序流程图的最短路线,而运输网络中寻找最小费用问题也可以化成最短路问题。

4.1.2 求两点间最短路的标号法

标号法(也称 Dijkstra 算法),是一种目前公认较好的算法,它不仅能求出从始点 v_1 到终点 v_n 的最短路,而且还可得到从始点 v_1 到任一点的最短路。

首先从始点 v_1 开始,给每一个顶点一个数(称之为标号),标号分 T 标号与 P 标号两种。T 标号表示从始点 v_1 到这一点的最短路权的上界,称为临时标号;P 标号表示从 v_1 到该点的最短路权,称为固定标号。已得到 P 标号的点不再改变,凡是没有标上 P 标号的点,标上 T 标号。算法的每一步是把某一点的 T 标号修改为 P 标号,经过有限步后,就可给所有的点标上 P 标号,即得到从始点到每一点的最短路权。

计算步骤如下:

(1)开始,给 v_1 标上 P 标号,$P(1) = 0$,其余各点标上 T 标号;$T_0(j) = +\infty$,即表示从 v_1 到 v_1 的最短路权为 0,从 v_1 到各点的最短路权的上界为 $+\infty$。标号中,括号内的数表示点号,脚标 0 表示为初始点。

（2）设 v_i 是前一标号（第 $k-1$ 轮标号）刚得到 P 标号的点，则对所有没有标上 P 标号的点进行一轮新的标号（第 k 轮）。考虑所有与 v_i 相邻并没有标上 P 标号的点 v_j，修改 v_j 的 T 标号为：

$$T_k(j) = \min\left[T_{k-1}(j), P(i) + d_{ij}\right]$$

式中：d_{ij}——v_i 到 v_j 的距离（权）。

在所有的 T 标号中，寻找一个最小的 T 标号 $T_k(j_0)$：

$$T_k(j_0) = \min\left[T_k(j), T(l)\right]$$

式中：$T(l)$——与 v_i 所有不相邻点 v_l 已取得的 T 标号。

给点 v_{j_0} 标上 P 标号 $P(j_0) = T_k(j_0)$。

（3）若 G 中已没有 T 标号，则算法结束，否则转入第（2）步。

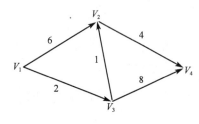

图 4-1　公路交通网及运输费用

某地区四个城镇间的公路交通网见图 4-1。城镇 1 有一批货物需运往城镇 4。网络边上的数据为综合运输费用，问如何选择路线，才能使总的综合运费最少。

这是一个最短路问题，像这样一个相当简单的网络，可以穷举可能的路线，从中选择最短的一条，如果网络比较复杂，各种可能的路线多得不胜枚举，就需要采用更有效的办法来找出最短路。标号法的求解过程见图 4-2。

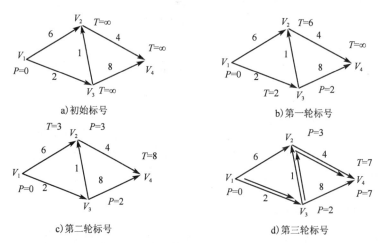

a）初始标号　　　　　　　　　　b）第一轮标号

c）第二轮标号　　　　　　　　　　d）第三轮标号

图 4-2　标号法求最短路的图上作业
注：图中双箭头线为从 V_1 到 V_4 的最短路线

首先给点 V_1 标上 $P(1) = 0$，其他点标上 T 标号：

$$T_0(2) = \infty, T_0(3) = \infty, T_0(4) = \infty$$

第一轮标号：

前一轮中，V_1 是刚得到 P 标号的点，因为 V_2、V_3 与 V_1 相邻，且又是 T 标号，故修改两点的 T 标号：

$$T_1(2) = \min\left[T_0(2), P(1) + d_{12}\right] = \min[\infty, 0+6] = 6$$

$$T_1(3) = \min\left[T_0(3), P(1) + d_{13}\right] = \min[\infty, 0+2] = 2$$

在所有的 T 标号中［这里有三个 T 标号，$T_1(2)$，$T_1(3)$，$T_0(4)$］，V_3 的 T 标号最小，则给 V_3

标上 P 标号:

$$P(3) = T_1(3) = 2$$

第二轮标号:

V_3 是前一轮刚得到 P 标号的点,因为 V_2、V_4 与 V_3 相邻,且均为 T 标号,故修改 V_2、V_4 的 T 标号:

$$T_2(2) = \min[T(2), P(3) + d_{32}] = \min[6, 2 + 1] = 3$$
$$T_2(4) = \min[T(4), P(3) + d_{34}] = \min[\infty, 2 + 8] = 10$$

在所有的 T 标号中,V_2 的 T 标号最小,则给 V_2 标上 P 标号:

$$P(2) = T_2(2) = 3$$

第三轮标号:

前一轮刚得到 P 标号的点为 V_2,在与 V_2 点相邻的所有点中,只有 V_4 是 T 标号,故修改 V_4 的 T 标号:

$$T_3(4) = \min[T(4), P(2) + d_{24}] = \min[10, 3 + 4] = 7$$

这时只有一个 T 标号 $T_3(4)$,所以给 V_4 标上 P 标号:

$$P(4) = T_3(4) = 7$$

到此,所有点均标上了 P 标号,算法停止。

可见,从城市 V_1 到城市 V_2 的最少综合运费为 3 个单位,到城市 V_3 的最少运费为 2 个单位,到城市 V_4 的最少运费为 7 个单位。

以上求得是从某一点到另外一点的最短路权,而要求的是具体的最短路线,因此,还必须在求得各点最短路线之后,再采用"反向追踪"法求出最短路线。

"反向追踪"法从线路的终点 V_n 开始反向寻找最短路线,P_j 为起点 V_1 到某一点 V_j 的最短路权,已由标号法求得,则寻找一点 V_k,使 $P_k + d_{kn} = P_n$,记下弧 (V_k, V_n);再考察 P_k,寻找一点 V_i,使 $P_i + d_{ik} = P_k$,记下弧 (V_i, V_k);如此直至到达起点 V_1 为止,于是从 V_1 到 V_n 的最短路线为 $\{V_1, \cdots, V_i, V_k, V_n\}$。

例中从 V_1 到各点的最短路权为:$V_1 \rightarrow V_1$ 为 0,$V_1 \rightarrow V_2$ 为 3,$V_1 \rightarrow V_3$ 为 2,$V_1 \rightarrow V_4$ 为 7。即 $P(1) = 0$,$P(2) = 3$,$P(3) = 2$,$P(4) = 7$,现在要寻找从 V_1 到 V_4 的最短路线。先考察 $P(4)$,易见,$P(2) + d_{24} = 3 + 4 = 7 = P(4)$,记下 (V_2, V_4)。再考察 $P(2)$,因 $P(3) + d_{32} = 2 + 1 = 3 = P(2)$,记下 (V_3, V_2)。考察 $P(3)$,因 $P(1) + d_{13} = 0 + 2 = 2 = P(3)$,记下 (V_1, V_3),因此,从 V_1 到 V_4 的最短路线为 $\{V_1, V_3, V_2, V_4\}$。

4.1.3 求任意两点最短路的距离矩阵法

在有些最短路问题中,不仅需要从一个起点到一个终点的最短路线,而且需要知道网络中各个点之间的最短路线。用标号法求解任意点之间的最短路问题比较复杂,有 n 个节点,就需要这种算法重复计算 n 次。距离矩阵法就是求解网络中任意两点最短路的方法。

首先必须构造一个距离矩阵 D:

$$D = [d_{ij}]$$

D 中的元素 d_{ij} 定义如下:

$$d_{ij} = \begin{cases} 给定的权 & 当 i 与 j 之间有连接时 \\ 0 & 当 i = j \\ \infty & 当 i 与 j 之间不存在边时 \end{cases}$$

如图 4-2 中的距离矩阵为:

$$\boldsymbol{D} = \begin{bmatrix} d_{ij} \end{bmatrix} = \begin{bmatrix} 0 & 6 & 2 & \infty \\ \infty & 0 & \infty & 4 \\ \infty & 1 & 0 & 8 \\ \infty & \infty & \infty & 0 \end{bmatrix}$$

这个矩阵给出了只经过一步(一条边)就能到达某一点的最短距离(因为只有唯一可能)。如从 V_1 到 V_2 只经过一步的最短距离为 6,从 V_1 到 V_4 只经过一步最短距离为 ∞(表示一步不可能达到)。

想要知道经过两步到达某一点的最短距离,可对距离矩阵进行如下计算:

$$\boldsymbol{D}^{(2)} = \boldsymbol{D} * \boldsymbol{D} = \begin{bmatrix} d_{ij}^{(2)} \end{bmatrix}$$

$$d_{ij}^{(2)} = \min\begin{bmatrix} d_{ik} + d_{jk} \end{bmatrix} \qquad (k = 1, 2, \cdots, n)$$

式中:n——节点数;

$*$——逻辑运算符。

例中:

$$d_{12}^{(2)} = \min\begin{bmatrix} d_{11} + d_{12}, d_{12} + d_{22}, d_{13} + d_{32}, d_{14} + d_{42} \end{bmatrix}$$
$$= \min\begin{bmatrix} 0 + 6, 6 + 0, 2 + 1, \infty + \infty \end{bmatrix}$$
$$= 3$$
$$d_{34}^{(2)} = \min\begin{bmatrix} d_{31} + d_{14}, d_{32} + d_{24}, d_{33} + d_{34}, d_{34} + d_{44} \end{bmatrix}$$
$$= \min\begin{bmatrix} \infty + \infty, 1 + 4, 0 + 8, 8 + 0 \end{bmatrix}$$
$$= 5$$

其他元素同理可得,则:

$$\boldsymbol{D}^{(2)} = \begin{bmatrix} 0 & 3 & 2 & 10 \\ \infty & 0 & \infty & 4 \\ \infty & 1 & 0 & 5 \\ \infty & \infty & \infty & 0 \end{bmatrix}$$

同样可得经过三步到达某一节点的最短距离为:

$$\boldsymbol{D}^{(3)} = \boldsymbol{D}^{(2)}\boldsymbol{D} = \begin{bmatrix} d_{ij}^{(3)} \end{bmatrix}$$
$$d_{ij}^{(3)} = \min\begin{bmatrix} d_{ik}^{(2)} + d_{kj} \end{bmatrix} \qquad (k = 1, 2, \cdots, n)$$

$$\boldsymbol{D}^{(3)} = \begin{bmatrix} 0 & 3 & 2 & 7 \\ \infty & 0 & \infty & 4 \\ \infty & 1 & 0 & 5 \\ \infty & \infty & \infty & 0 \end{bmatrix}$$

一直算到 $\boldsymbol{D}^{(m)}$,$\boldsymbol{D}^{(m)} = \boldsymbol{D}^{(m-1)}$,即 $\boldsymbol{D}^{(m)}$ 中每个元素等于 $\boldsymbol{D}^{(m-1)}$ 中的每一个元素为止。最后得到的 $\boldsymbol{D}^{(m)}$ 便是任意两点之间的最短距离矩阵:

$$\boldsymbol{D}^{(4)} = \begin{bmatrix} 0 & 3 & 2 & 7 \\ \infty & 0 & \infty & 4 \\ \infty & 1 & 0 & 5 \\ \infty & \infty & \infty & 0 \end{bmatrix}$$

这时, $\boldsymbol{D}^{(4)} = \boldsymbol{D}^{(3)}$,可见 $\boldsymbol{D}^{(4)}$ 即为图中各城市间的最少运费矩阵,矩阵中, $d_{21}^4 = \infty$ 表示从 V_2 到 V_1 没有通路。

上法算得的最短距离矩阵 $\boldsymbol{D}^{(m)}$,是任意两点之间的最短路权,而与它相应的最短路线,还需用"反向追踪"法来确定。

4.2　k 最 短 路

最短路问题是一个著名问题,它在实际生产生活中有着广泛应用。在许多情况下,不仅要考虑最短路,也要考虑次短路、次次短路…即 k 最短路问题。k 最短路径问题是指在图上,对于给定的源点—目的点,列出路径长度从最短路径到第 k 最短的路径。

根据实际调查,乘客在一次出行过程中,并不是考虑所有从起点到终点之间的连通路径,而只考虑其中的一部分,称这部分路径为有效路径。k 条渐短路径搜索算法是在最短路径并不能满足寻路的要求时应运而生的,在搜索 k 条渐短路径的算法中,最直接的算法是基于最短路算法的删边法。该算法的基本思想是:

步骤 1:在网络中使用最短路算法找到最短路径;

步骤 2:若最短路径存在,则从原交通网络中先删除最短路径中的一条边,然后使用最短路算法,求出一条临时的最短路径;

步骤 3:重复步骤 2,直到最短路径中所有的边都被删除,将所有的临时最短路径进行比较,最短的那条就是次最短路径;

步骤 4:若要求得第 k 最短路径,首先要将前 k−1 短路径中所有的边进行集合配对,每次删除一个对边,其余过程类似步骤 2 和步骤 3,最后将所有得到的临时最短路径进行比较,最短的那条就是第 k 最短路径。

以图 4-3 为例,求从 a 到 h 的最短路、次短路、次次短路。

用最短路算法求图 4-3 中的最短路,结果为 a-d-e-h,共计三条边 ad、de、eh,长度 12。

逐次删除最短路的一条边,求剩余图形的最短路,在所有最短路中最短的那条就是次短路,计算结果见表 4-1。

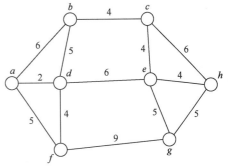

图 4-3　求 K 最短路示例图

次短路计算结果　　　　　　　　　　　　　表 4-1

删　除　边	最 短 路 径	最 短 距 离
ad	a-b-c-h	16
de	a-b-c-h	16
eh	a-d-e-c-h	18
	a-d-e-g-h	18
次短路	a-b-c-h	16

将最短路和次短路的边进行集合配对,每次删除一个对边,求剩余图形的最短路,在所有最短路中最短的那条就是次次短路。例中,最短路三条边 *ad*、*de*、*eh*,次短路三条边 *ab*、*bc*、*ch*,形成 9 个集合对,如果两个对应的边相同,则这一条边就是一个集合对。每次删除一个集合对,计算最短路,在所有最短路中最短的那条就是次次短路,计算结果见表 4-2。

次次短路计算结果 表 4-2

删除集合对	最短路径	最短距离	删除集合对	最短路径	最短距离
ad、*ab*	*a-f-d-e-h*	19	*de*、*bc*	*a-f-g-h*	19
	a-f-g-h	19	*de*、*ch*	*a-f-g-h*	19
ad、*bc*	*a-f-d-e-h*	19	*eh*、*ab*	*a-d-b-c-h*	17
	a-f-g-h	19	*eh*、*bc*	*a-d-e-c-h*	18
ad、*ch*	*a-f-d-e-h*	19	*eh*、*ch*	*a-d-e-g-h*	18
	a-f-g-h	19	次次短路	*a-d-b-c-h*	17
de、*ab*	a-d-b-c-h	17			

4.3 多目标最短路

4.3.1 问题描述

通常,最短路问题往往考虑的是一个目标的最小化,比如成本或运输时间等。然而,网络的路径选择中往往需要同时考虑多个目标,比如成本、时间、风险、安全性等,这样,在求解过程中就有多个目标函数需要优化,也就扩展出多目标最短路问题。多目标的引入使得问题的求解与单目标条件下有所不同,由于各个目标之间通常都存在着冲突,针对某个目标具有优势的解对于另一个目标来说可能并不是最优的,多目标最短路问题一般不存在单一的最优解,而是一个满意解集,也称为 Pareto 解集,相应的问题难度也大大增加了。

对于多目标路径选择问题,一般地,可以描述为:对于网络 $G = (N, E)$,N 为节点集,E 为有向边的集合,$|N| = n$,$|E| = m$。令 $z_q(i, j)(q = 1, 2, \cdots, Q)$ 为从节点 i 到节点 j 的第 q 个目标值,则 $z_q(i, j) \geq 0 (q = 1, 2, \cdots, Q)$。求在从起点 O 到终点 D 之间的最短路。

为了得到网络的多目标路径选择模型,首先定义如下变量:

$$y_{ij} = \begin{cases} 1 & \text{从节点 } i \text{ 到节点 } j \text{ 之间存在任务} \\ 0 & \text{从节点 } i \text{ 到节点 } j \text{ 之间不存在任务} \end{cases}$$

对于多目标最短路模型可以描述为:

$$\min Z_1 = \sum_{(i,j)} y_{ij} Z_1(i, j)$$

$$\min Z_2 = \sum_{(i,j)} y_{ij} Z_2(i, j)$$

$$\vdots$$

$$\min Z_Q = \sum_{(i,j)} y_{ij} Z_Q(i, j)$$

$$s.t. \sum_j y_{ij} - \sum_j y_{ji} = \begin{cases} 1 & i = O \\ -1 & i = D \quad \forall i \in N \\ 0 & \text{其他} \end{cases}$$

$$\sum_j y_{ij} \leqslant 1 \qquad \forall i \in N$$

$$y_{ij} \in \{0,1\} \qquad \forall (i,j) \in E$$

对于多目标的最短路算法,通常的处理方法是对不同的目标进行线性加权或是将某些目标转化为约束条件。对于线性加权法而言,其权重的确定是一件很困难的事情,而且线性加权法转化为约束条件的方法在方法上与单目标最短路基本没有什么区别。对于有约束的最短路问题,已经被证明是 NP 完全问题,有时因为其算法复杂性太高而无法进行求解。

通常,在多目标最短路问题中,很难获得从起点到终点之间的两个目标同时达到最小的路径,只要能找到满足决策者需要的有效路径就可以了。通常对于决策者来说,并不一定需要获得所有的有效路径,只希望每个目标能达到一定预期的效果即可。

4.3.2　求解多目标最短路的限界法

为了从决策者的角度来解决多目标最短路问题,并降低计算的复杂度,首先考虑单个目标的最短路,并获得单个目标的最小值 $\min z_q(q=1,2,\cdots,Q)$。根据获得的单个目标的最小值,给出一个决策者可以接受的目标的上限 $\text{up}z_q(q=1,2,\cdots,Q)$。然后利用 K 最短路算法,计算目标 $q(q=1,2,\cdots,Q)$ 的上限为 $\text{up}z_q(q=1,2,\cdots,Q)$ 的可行解集 $\Omega_q(q=1,2,\cdots,Q)$,并获得多个集合的交集 $\Omega^* = \bigcap_{q=1}^{Q} \Omega_q$。对于集合 Ω^* 中的路径而言,能够同时满足多个目标的限制条件,具有相对较小的目标值。通过这样的方法,可获得对目标有一定限制条件下的可行路径的集合。在获得了可行路径后,就可以找出 Ω^* 中的有效路径的集合 Π。分三种情况讨论:①$|\Pi|=0$;②$|\Pi|=1$;③$|\Pi|>1$。

对于情形①,说明此时没有这样的路径满足要求,这时就需要对目标上限进行调整,产生新的路径集合,重新选择;对于情形②,此时 Π 中的路径可能为最优路径,若决策者对此路径还不满意,则可将目标的上限进行调整,产生新的路径集合,重新选择;对于情形③,由于此时集合内的路径数超过 1 条,可对所有路径进行多目标决策,若决策者对所选路径还不满意,则可继续将目标的上限进行调整,产生新的路径集合。

在经过前面的分析之后,就可以给出多目标最短路的算法,具体步骤如下:

步骤 1:利用标号法获得网络 $G=(N,E)$ 中目标 $q(q=1,2,\cdots,Q)$ 的最短路集 $S_q(q=1,2,\cdots,Q)$。

步骤 2:若 $\bigcap_{q=1}^{Q} S_q \neq \phi$,则获得绝对最短路径,算法结束;否则转步骤 3。

步骤 3:分别求出目标 $q(q=1,2,\cdots,Q)$ 的最小值 $\min z_q$,并给出目标 $q(q=1,2,\cdots,Q)$ 的上限 $\text{up}z_q(q=1,2,\cdots,Q)$。

步骤 4:利用 k-最短路算法获得目标 $q(q=1,2,\cdots,Q)$ 的上限 $\text{up}z_q(q=1,2,\cdots,Q)$ 的可行解集 $\Omega_q(q=1,2,\cdots,Q)$,对于 $\Omega_q(q=1,2,\cdots,Q)$ 存在回路的路径应予以删除。

步骤 5:获得的集合 $\Omega^* = \bigcap_{q=1}^{Q} \Omega_q$。

步骤6：获得 Ω^* 的有效路径集合 Π。

步骤7：①若 $|\Pi|=0$，则转步骤8。②若 $|\Pi|=1$，决策者认为此路径为可行路径，结束；否则转步骤8。③若 $|\Pi|>1$，若决策者认为这些路径为可行路径，可采用多目标决策进行路径选择，结束；否则转步骤8。

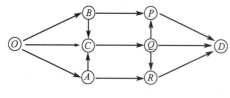

图 4-4　运输网络示例

步骤8：调整目标 q ($q=1,2,\cdots,Q$) 的上限 $\mathrm{up}z_q$ ($q=1,2,\cdots,Q$)，转步骤4。

图 4-4 给出了从起点 O 到终点 D 之间的运输网络，各条有向边上的目标值分别如表 4-3 所示。现希望获得从起点 O 到终点 D 之间，考虑满足多个目标约束的合理路径。

各条有向边的各个目标值　　　　　　　　　　表 4-3

目　标	有　向　边												
	OA	OB	OC	AC	BC	BP	CQ	AR	QP	QR	PD	QD	RD
1	300	500	600	200	150	180	100	500	50	50	80	250	50
2	55	40	35	20	25	15	12	50	10	8	60	75	35
3	6	9.5	8	3.5	5.5	4.5	2	6	0.5	4	2.5	5	0.5

为了表示方便，表 4-4 对图中的路径给予标号：

图中各条路径的编号　　　　　　　　　　表 4-4

标　号	路　径	标　号	路　径
（1）	$O-B-P-D$	（7）	$O-C-Q-R-D$
（2）	$O-B-C-Q-D$	（8）	$O-A-C-Q-P-D$
（3）	$O-B-C-Q-R-D$	（9）	$O-A-C-Q-D$
（4）	$O-B-C-Q-P-D$	（10）	$O-A-C-Q-R-D$
（5）	$O-C-Q-P-D$	（11）	$O-A-R-D$
（6）	$O-C-Q-D$		

应用 k-最短路算法算各目标的最短路径，见表 4-5 到表 4-7。

目标 1 对应的 k-最短路序列　　　　　　表 4-5

k-最短路	（10）	（8）	（1）	（7）	（5）	（3）	（9）	（11）	（4）	（6）	（2）
目标值	700	730	760	800	830	850	850	850	880	950	1000

目标 2 对应的 k-最短路序列　　　　　　表 4-6

k-最短路	（7）	（1）	（5）	（3）	（6）	（10）	（11）	（4）	（2）	（8）	（9）
目标值	90	115	117	120	122	130	140	147	152	157	162

目标 3 对应的 k-最短路序列　　　　　　表 4-7

k-最短路	（11）	（5）	（7）	（8）	（6）	（10）	（1）	（9）	（4）	（3）	（2）
目标值	12.5	13	14.5	14.5	15	16	16.5	16.5	20	21.5	22

利用 Dijstra 最短路算法,可以得到三个目标的最短路依次为路径(10)、(7)和(11),对应的最小目标值分别为 700、90 和 12.5。然后,可以得到在取不同目标上限时,集合 Π 的情况。分别如表 4-8 所示。

不同目标的上限下的有效路径组合 表 4-8

各目标的上限	有效路径组合	各目标值
(750,90,14)	无	无
(800,90,15)	(7)	(800,90,14.5)
(830,118,15)	(7)	(800,90,14.5)
	(5)	(830,117,13)
(830,118,17)	(7)	(800,90,14.5)
	(5)	(830,117,13)
	(1)	(760,115,16.5)
(850,140,17)	(7)	(800,90,14.5)
	(5)	(830,117,13)
	(1)	(760,115,16.5)
	(10)	(700,130,16)
	(11)	(850,140,12.5)
...	...	...

当取 $\text{up}z_1 = 750$、$\text{up}z_2 = 90$ 和 $\text{up}z_3 = 14$ 时,集合 $|\Pi| = 0$,此时无可行的有效路径。这样,需要增加目标 1 和目标 2 的上限,当取 $\text{up}z_1 = 800$、$\text{up}z_2 = 90$ 和 $\text{up}z_3 = 15$。$|\Pi| = 1$,此时有 1 条可行的有被路径,为路径(7),而当取 $\text{up}z_1 = 830$、$\text{up}z_2 = 118$ 和 $\text{up}z_3 = 17$ 时,$|\Pi| = 3$ 此时有效路径的条数已到 3 条,分别为路径(7)、(5)、和(1)。从表 4-8 中可以看出,随着目标上限的不断增大,有效路径的数量不断增加。但当 $\text{up}z_1 > 850$、$\text{up}z_2 > 140$ 且 $\text{up}z_3 > 16$ 时,再增加 $\text{up}z_h$($h = 1,2,3$)的值,已没有意义,因为不可能再得到有效解。在获得了这些有效路径构成的集合之后,决策者就可以在有效路径的集合中选择出其认为最优的路径。

4.3.3 基于理想点法的多目标最短路求解算法研究

1. 算法分析

理想点法的思路是利用决策者的先验信息构造满足所有目标的理想点,然后在约束条件内寻找与该理想点最接近的可行解,其在多目标决策及多目标优化中已有广泛应用。

对于起点为 O、终点为 D 的多目标最短问题,存在 Q 个目标,第 q 个目标对应的目标值为 z_q(其中 $q = 1,2,\cdots,Q$)。单目标下,对于第 q 个目标必然存在最短路路径 L_q^0,其对应的目标值为 $z_q^{\min}$,若 $L_1^0 = L_2^0 = \cdots = L_Q^0$,则该路径为多目标最短路问题的最优解。通常情况下,不存在这样的路径,因此,称点 $(z_1^{\min}, z_2^{\min}, \cdots, z_Q^{\min})$ 为多目标最短路问题的理想点。

多目标最短路问题的理想点的实质是假设存在路径 L^0,该路径在每个目标下对应的目标值均为 $z_q^{\min}$,将路径在各目标下对应的目标值看作 Q 维空间中点的坐标值,则路径 L^0 对应的点即为理想点。根据理想点的坐标可知,通过求解单目标下各目标的最短路即可确定理想点。

理想点的引入将求解多目标最短路问题的满意解转变为寻找与理想点距离最近的路径。

定义起点 O 与终点 D 之间的路径构成的集合为 Ω，第 i 条路径 L_i 的第 q 个目标的目标值为 z_{qi}，则对于每个目标在路径集合 Ω 中必然存在目标值最小的路径（即该目标的最短路路径）和目标值最大的路径，因此，起终点间路径关于第 q 个目标的目标值的取值区间为 $X_q = [z_q^{\min}, z_q^{\max}]$。实际问题中由于网络复杂，起终点间的路径不可能一一列举。考虑到最优路径一般都是在某个目标的 k-最短路中取得，因此可以通过求解各目标下的 k-最短路路径来确定起终点间路径集合 Ω。

为了便于描述，将起点 O 与终点 D 之间的每条路径看作 Q 维空间中的一个点，该路径在每个目标下对应的目标值构成了该点的坐标。因此，第 i 条路径 L_i 的坐标为 $(z_{1i}, z_{2i}, \cdots, z_{Qi})$。由于各目标度量值的量纲不同，因此，需要对每条路径在各目标下的目标值进行归一化处理，消除量纲影响的同时，将所有目标值映射到取值区间 $[0,1]$。

$$z'_{qi} = \frac{z_{qi} - z_q^{\min}}{z_q^{\max} - z_q^{\min}}$$

式中：z'_{qi}——第 i 条路径 L_i 的第 q 个目标的目标值的归一化值。

归一化处理后，第 i 条路径 L_i 的坐标为 $(z'_{1i}, \cdots, z'_{qi}, \cdots, z'_{Qi})$，理想点的坐标为坐标原点。

根据加权欧几里得距离，可得归一化处理后路径 L_i 与理想点间的距离 d_i。

$$d_i = \Big[\sum_{q=1}^{Q} (w_q \mid z'_{qi} - 0 \mid^2) \Big]^{\frac{1}{2}} = \Big[\sum_{q=1}^{Q} (w_q \mid z'_{qi} \mid^2) \Big]^{\frac{1}{2}}$$

式中：w_q——第 q 个目标的权重。

因此，多目标最短路问题的目标函数转换为单目标函数 $\min d_i$，从而只需在路径集合 Ω 中寻找与理想点距离最小的路径，该路径即为多目标最短路问题的满意解。

2. 算法流程

在算法分析的基础上，提出基于理想点法的多目标最短路求解算法，具体步骤如下：

（1）运用 Dijkstra 算法分别求解各目标的最短路路径 L_q^0。

（2）若 $L_1^0 = L_2^0 \cdots = L_Q^0$，则该路径为多目标最短路问题的最优解，算法结束；否则，确定理想点，令 $k = 2$，转入步骤（3）。

（3）运用 k-最短路算法分别求解各目标对应的 K-最短路路径。

（4）根据各目标的 k-最短路路径确定起终点间路径集合 Ω，并计算路径集合 Ω 中所有路径在各目标下对应的目标值 z_{qi}，确定各目标对应的取值区间 $X_q = [z_q^{\min}, z_q^{\max}]$。

（5）分别对路径集合 Ω 中所有路径及理想点的坐标进行归一化处理。

（6）根据归一化的数据计算路径集合 Ω 中每条路径与理想点的加权欧几里得距离 d_i，确定最小距离所对应的路径。

（7）令 $k = k + 1$，转入步骤（3），若两次所求得的路径相同，则该路径即为多目标最短路问题的满意解，算法结束；否则，继续令 $k = k + 1$ 值，直到前后两次所求得的路径相同为止。

3. 案例分析

如图 4-5 所示运输网络，运输起点为 O 终点为 D，运输路径选取时考虑成本、风险及路段拥堵程度，其中路段拥堵程度采用路段拥堵评分来度量（路段拥堵评分介于 0 和 10 之间，路段拥堵评分越大则路段拥堵越严重)。因此,起点 O 与终点 D 间运输路径的选取是一个三目标最短路问题,其中目标 1 是成本最小,对应权重为 0.5;目标 2 是风险最小,对应权重为 0.3;目标 3 是路段拥堵评分最小,对应权重为 0.2。

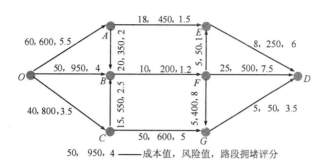

图 4-5　运输网络图

1)求解单目标下各目标的最短路路径

在单目标下,分别求得各目标的最短路路径及对应的目标值,如图 4-6 所示。

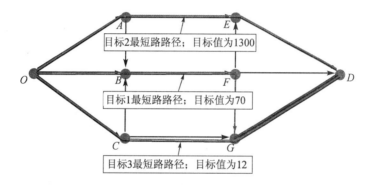

图 4-6　各目标最短路路径图

根据图 4-6 可知,这三个目标的最短路路径均不相同,该多目标最短路问题不存在最优解,只存在满意解。根据各目标最短路路径的目标值可知理想点为(70,1300,12)。

2)计算 k-最短路路径

令 $k=2$,在单目标下分别计算各目标的 k-最短路路径,计算结果如图 4-7 所示。

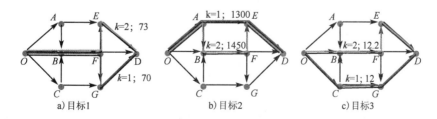

图 4-7　各目标的 k-最短路路径示意图

3)确定路径集合 Ω

根据图 4-7 中路径确定路径集合 Ω,如图 4-8 所示。

计算路径集合 Ω 中所有路径在各目标下对应的目标值,如表 4-9 所示。

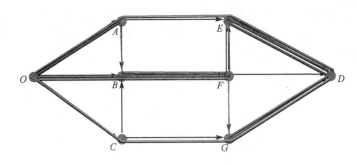

图 4-8　路径集合 Ω 中的所有路径图

路径集合中所有路径在各目标下对应的目标值　　　　　表 4-9

目标值	路径				
	$OAED$	$OABFED$	$OBFED$	$OBFGD$	$OCGD$
z_1	86	103	73	70	95
z_2	1300	1450	1450	1600	1450
z_3	13	15.7	12.2	16.7	12

根据表 4-9 可知，目标值取值区间分别为 $X_1 = [70, 103]$、$X_2 = [1300, 1600]$、$X_3 = [12, 16.7]$。

4）归一化处理

对理想点及路径集合 Ω 中的所有路径坐标进行归一化处理。对于理想点，归一化处理后其坐标为坐标原点。对其余路径，以路径 $OAED$ 为例，计算其坐标的归一化值：

$$z'_{11} = \frac{z_{11} - z_1^{min}}{z_1^{max} - z_1^{min}} = \frac{86 - 70}{103 - 70} = 0.48$$

$$z'_{21} = \frac{z_{21} - z_2^{min}}{z_2^{max} - z_3^{min}} = \frac{1300 - 1300}{1600 - 1300} = 0$$

$$z'_{31} = \frac{z_{31} - z_3^{min}}{z_3^{max} - z_3^{min}} = \frac{13 - 12}{16.7 - 12} = 0.21$$

5）计算各路径与理想点间的距离

由于目标 1 对应权重为 0.5，目标 2 对应权重为 0.3，目标 3 对应权重为 0.2。以路径 $OAED$ 为例，计算的路径 $OAED$ 与理想点间的加权欧几里得距离 d_1。

$$d_1 = \left[\sum_{q=1}^{3} (w_q \mid z'_{q1} \mid^2) \right]^{\frac{1}{2}}$$

$$= \sqrt{0.5 \times 0.48^2 + 0.3 \times 0 + 0.2 \times 0.21^2}$$

$$= 0.352$$

同理计算其余路径与理想点间的加权欧几里得距离，计算结果如表 4-10 所示。根据表 4-10 最小距离为 0.282，对应的路径为 $OBFED$。

各路径与理想点间的距离计算结果表　　　　　表 4-10

路径	$OAED$	$OABFED$	$OBFED$	$OBFGD$	$OCGD$
d_i	0.352	0.837	0.282	0.707	0.603

6）检验

令 $k=3$，按上述步骤再次计算所求得的路径为 *OBFED*，前后两次所求得的路径相同。因此，路径 *OBFED* 为该多目标最短路问题的满意解，见图 4-9。

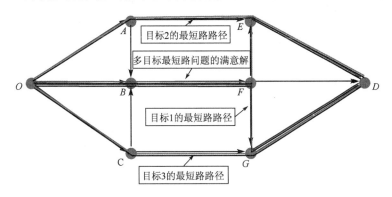

图 4-9　多目标最短路满意解示意图

4.3.4　基于折中准则的多目标最短路算法

针对有效路径集合，分别求取其正理想解和负理想解，作为虚拟有效路径。将有效路径集合中的所有路径分别求出各目标的值，将所有目标下最理想的值作为正理想解，所有目标下最差的值作为负理想解。由于备选路径都是有效路径，所以它既是正理想解的下邻，又是负理想解的上邻。通过比较每个有效路径与正理想解以及负理想解的接近程度判断最优解或满意解，决策的原则是有效路径与正理想解的距离越小越好，而与负理想解的距离越大越好，即有效路径与理想解的综合差异越小越好。

经过前面的分析，确定计算步骤如下：

（1）对多目标最短路问题，求出有效路径集合。

（2）分别求有效路径集合内所有路径各目标的值，确定正理想解和负理想解。

（3）对各路径目标值进行归一化处理。

（4）确定有效路径 $r_p(p=1,2,\cdots,P)$ 与正理想解和负理想解之间的差异：

$$D_p^+ = \sqrt{\sum_{i=1}^{Q}(z_i - z_i^+)^2} \qquad D_p^- = \sqrt{\sum_{i=1}^{Q}(z_i^- - z_i)^2}$$

（5）确定有效路径 $r_p(p=1,2,\cdots,P)$ 的综合差异：

$$D_p = \lambda \frac{D_p^+}{D} + (1-\lambda)\frac{D_p^-}{D}$$

式中：λ——折中系数；

D——正理想解与负理想解之间的差异。

（6）决策者根据 D_p 的大小选出最优有效路径。若决策者认为所得路径为满意路径，则结束，否则重新选择有效路径集合。

对图 4-6 所示案例，确定了 5 条有效路径集合，针对表 4-9 中的 5 条路径，分别得到 3 个目标下的值，确定其正理想解为 $[70,1300,12]$，负理想解为 $[103,1600,16.7]$。对各路径目标值及正负理想解分别进行归一化处理，正理想解为 $[0,0,0]$，负理想解为 $[1,1,1]$。确定有效路径 $r_p(p=1,2,\cdots,P)$ 与正负理想解的差异，最后令 $\lambda=0.8$ 确定有效路径的综合差异。具体计算结果见表 4-11,综合差异值最小 0.47,因此所求的路径为 *OBFED*,与上例相同。

路径目标值归一化及计算结果 表 4-11

目 标 值	路 径				
	OAED	*OABFED*	*OBFED*	*OBFGD*	*OCGD*
z_1	0.48	1.00	0.09	0.00	0.76
z_2	0.00	0.50	0.50	1.00	0.50
z_3	0.21	0.79	0.04	1.00	0.00
D_p^+	0.53	1.37	0.51	1.41	0.91
D_p^-	1.37	0.54	1.41	1.00	1.14
$D_p(D=\sqrt{3})$	0.50	1.33	0.47	1.28	0.84

第5章　网络流理论

5.1　最大流问题

5.1.1　数学描述

1. 网络流

给定一个有向图 $G = (V, A)$，对于图中的每一弧 $(V_i, V_j) \in A$，对应有一个数 $c_{ij} \geq 0$，称之为弧的容量，可把图记作 $G = (V, A, C)$。

所谓网络流，是指定义在弧集合 A 上的一个函数 $f = \{f_{ij}\}$，称 f_{ij} 为弧 (V_i, V_j) 上的流量，这些流量的集合就是该网络的流 f。f 是个函数，它随着各弧上流量的不同而改变。

2. 可行流

满足下列条件的流 f 称为可行流：

（1）容量限制条件：对 $(V_i, V_j) \in A$，有 $0 \leq f_{ij} \leq C_{ij}$。

（2）平衡条件：

对中间点有：

$$\sum f_{ij} - \sum f_{ji} = 0 \qquad i \neq s, t, (V_i, V_j) \in A, (V_j, V_i) \in A$$

对 V_s 点有：

$$\sum f_{sj} - \sum f_{js} = V(f) \qquad (V_s, V_j) \in A, (V_j, V_s) \in A$$

对 V_t 点有：

$$\sum f_{tj} - \sum f_{jt} = -V(f) \qquad (V_t, V_j) \in A, (V_j, V_t) \in A$$

式中：V_j——与 V_s、V_t 相关联的任一顶点；

$V(f)$——可行流流量。

可行流总是存在的，例如所有弧的流量 f_{ij} 均为 0 就是一个可行流（零流），显然，符合上述条件的可行流 f 不是唯一的。

3. 增广链

一个可行流 $f = \{f_{ij}\}$，称：

$$\begin{cases} f_{ij} = C_{ij} \text{ 的弧为饱和弧} \quad f_{ij} = 0 \text{ 的弧为零流弧} \\ f_{ij} < C_{ij} \text{ 的弧为非饱和弧} \quad f_{ij} > 0 \text{ 的弧为非零流弧} \end{cases}$$

定义 μ 是方向自 V_s 到 V_t 的一条通路,则:

$$\begin{cases} \text{与 } \mu \text{ 方向一致的弧为前向弧 } \mu^+ \\ \text{与 } \mu \text{ 方向相反的弧为后向弧 } \mu^- \end{cases}$$

对于一个可行流 f,若 μ 满足下列条件,称 μ 为关于 f 的一条可增广路(链):

$$\begin{cases} \text{在弧}(V_i,V_j) \in \mu^+ \text{ 上},0 \leqslant f_{ij} < C_{ij} & \mu^+ \text{中各弧是非饱和弧} \\ \text{在弧}(V_i,V_j) \in \mu^- \text{ 上},0 < f_{ij} \leqslant C_{ij} & \mu^- \text{中各弧是非零弧} \end{cases}$$

4. 最大流问题

网络 $G = (V,A,C)$ 中,设 v_s 为发点,v_t 为收点,其余各点为中间点;以 f_{ij} 表示弧(v_i,v_j) 上的流量,总流量设为 F,c_{ij} 为每一条弧上的容量。网络流量应满足容量限制条件和流量平衡条件:每一条弧上的流量应小于或等于容量,中间点的流入量总和等于其流出量总和,对于始点和终点,总输出量等于总输入量。则网络 G 上的最大流问题的线性规划模型为:

$$\max F = v(f)$$

$$s.t. \begin{cases} 0 \leqslant f_{ij} \leqslant c_{ij} \\ \sum f_{ij} - \sum f_{ji} \end{cases} = \begin{cases} v(f) & \text{发点} \\ 0 & \text{中间点} \\ -v(f) & \text{收点} \end{cases} \quad (i = 1,2,\cdots,n-1; j = 2,3,\cdots,n)$$

可见,最大流问题也是一个线性规划问题,当然也可用线性规划的单纯形法求解,但是,利用图的特点,解决这个特殊线性规划问题的方法与线性规划的单纯形法相比,要方便、直观。

现实生活中存在许多流量问题,比如交通运输网络中的人流、车流、物流,供水网络中的水流,金融系统中的现金流,通信系统中的信息流等流量,如何使网络输送(或传输)能力达到最大,就属于最大流问题。

5.1.2 标号法

1. 标号法的思路

求最大流的思路是先任意假设 G 中一个可行流,若网络中没有给定可行流,则可以取 $f = 0$,即从零流开始,然后设法逐渐增大流值,逐步找到最大流。用标号法求可行流的增广链,若增广链存在,则可以经过调整,得到一个新的可行流 f',其流量 $V(f')$ 比 $V(f)$ 大,然后再寻找 f' 的增广链,再调整。反复多次直到增广链不存在为止,即得到最大流。

如果 V_s 到 V_t 所有路中存在一条路,其所有前向弧未饱和,所有后向弧的流具有正值,此时总有可能使这条路的前向弧的流增加一个正整数 ε,所有后向弧的流减少一个 ε,而同时保持全部弧的流为正值且不超过弧的容量。这样做不会破坏可行流条件,同时也不会影响不属于这些路的其他弧的流。但 G 自 V_s 到 V_t 的流值 f_{st} 则增加了 ε,所以总有可能逐次增大 f_{st},使 G 自 V_s 到 V_t 的全部路中任何一条路到至少一条前向弧被饱和或一条后向弧的流为零,变为不可增广链,否则仍是可增广链。当 V_s 到 V_t 无可增广链时,f_{st} 就不能再增大,即 f_{st} 达到最大,否则总可以按上述步骤增大 f_{st},求得最大流。

以图 5-1 为例来说明寻找最大流的过程。引入一个可行流 f_0(图中括号内的数据为给定可行流的

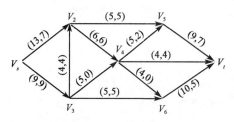

图 5-1 公路交通网络简化图

流量 f_{ij})。图中, $\mu = \{V_s, V_2, V_3, V_4, V_5, V_t\}$ 满足增广链的两个条件, μ 为增广链。该链上各段弧的流量分别为:7、4、0、2、7。若沿该链的前进方向增加2,即前向弧上加2,后向弧上减2,则各弧段的流量变为:9、2、2、4、9。显然,此时各弧段的流量仍在容量的限制范围内,且仍满足各点的平衡条件,但网络的流量增大了2。

由此可以看出,如果增广链存在,说明沿着增广链从出发点到收点输送的流还未饱和,将流量调整后,可以使网络的流量增大,而且调整后的各弧流量仍满足各点的平衡条件及容量限制条件。在调整时,尽量使前向弧的流量等于(或接近于)其容量,而使后向弧的流量尽量等于(或接近于)0。

2. 标号法的计算过程

寻找最大流的算法可分为两步:寻找增广链的标号过程和增广链的流量调整过程。

1) 标号过程

在这个过程中,给网络顶点 v_i 标号为 $(v_j, \Delta i)$ 或 $(-v_j, \Delta i)$,其中,第一部分表明该标号的来源,以便找出增广链,若为 v_j 表示 v_i 由 v_j 正向弧到达,若为 $-v_j$ 表示 v_i 由 v_j 反向弧到达;第二部分是为确定增广链的调整量而使用的。网络中的点可分为标号点(又分为已检查和未检查两种)和未标号点。

标号过程开始,先给 v_s 标上 $(0, \infty)$,这时 v_s 是标号而未检查的点,其余都是未标号点。一般的,取一个已标号而未检查的点 v_i,对于一切未标号点 v_j:

(1) 若在前项弧 (v_i, v_j) 上, $f_{ij} < c_{ij}$,则给 v_j 标号 $[v_i, l(v_j)]$,这里 $l(v_j) = \min[l(v_j), c_{ij} - f_{ij}]$,这时点 v_j 成为标号而未检查的点。

(2) 若在后向弧上 (v_i, v_j) 上, $f_{ij} > 0$,则给 v_j 标号 $[v_i, l(v_j)]$,这里 $l(v_j) = \min[l(v_j), f_{ij}]$。这时点 v_j 成为标号而未检查的点。

于是 v_i 成为标号而已检查的点。重复上述过程,一旦 v_t 被标上号,表明得到一条从 v_s 到 v_t 的增广链 μ,转入调整过程。

若所有都已检查,而标号过程进行不下去时,则表明已不存在增广链,算法结束,这时的可行流就是最大流。

2) 调整过程

首先按 v_t 及其他点的第一部分标号,利用"反向追踪"的方法,找出增广链 μ。例如,设 v_t 的第一部分标号为 v_k(或 $-v_k$),则弧 (v_k, v_t)[或相应地 (v_t, v_k)]是 μ 上的弧。接着检查 v_k 的第一部分标号,若为 v_i(或 $-v_i$),则找出 (v_i, v_k)[或相应地 (v_k, v_i)]。再检查 v_i 的第一部分标号,依次下去,直到 v_s 为止。这时找出的弧就构成了增广链 μ。

令调整量 $\Delta = l(v_t)$,即 v_t 的第二部分标号。令:

$$f'_{ij} = \begin{cases} f_{ij} + \Delta & (v_i, v_j) \in \mu^+ \\ f_{ij} - \Delta & (v_i, v_j) \in \mu^- \\ f_{ij} & \text{其他} \end{cases}$$

得到一个新的可行流 $f' = \{f'_{ij}\}$,去掉所有的标号,对新的可行流 f' 重新进入标号过程。

3. 标号法计算举例

用标号法求图 5-1 从 V_s 到 V_t 的最大流,网络弧旁的数据是 (c_{ij}, f_{ij})。

标号过程如下：

（1）先给 V_s 标上 $(0,\infty)$。

（2）检查 V_s。

在前向弧 (V_s,V_3) 上，因 $f_{s3}=C_{s3}$ 不满足标号条件。

在前向弧 (V_s,V_2) 上，因 $f_{s2}=7<C_{s2}=13$，满足标号条件，则 V_2 的标号为 $[V_s,l(V_2)]$，其中：

$$l(V_2)=\min[l(V_2),C_{s2}-f_{s2}]=\min(\infty,13-7)=6$$

即 V_2 的标号为 $(V_s,6)$。

（3）检查 V_2。

在前向弧 $(V_2,V_5),(V_2,V_4)$ 上，因 $f_{25}=C_{25},f_{24}=C_{24}$ 不满足标号条件。

在前向弧 (V_2,V_3) 上，$f_{32}>0$ 满足标号条件，则给 V_3 标上 $[-V_2,l(V_3)]$，其中：

$$l(V_3)=\min[l(V_2),f_{32}]=\min(6,4)=4$$

即 V_3 的标号为 $(-V_2,4)$。

（4）检查 V_3。

在前向弧 (V_3,V_6) 上，$f_{36}=C_{36}$ 不满足标号条件。

在前向弧 (V_3,V_4) 上，$f_{34}>C_{34}$，则给 V_4 标号，为 $[V_3,l(V_4)]$，其中：

$$l(V_4)=\min[l(V_3),C_{34}-f_{34}]=\min(4,5-0)=4$$

即 V_4 的标号为 $(V_3,4)$。

（5）检查 V_4。

在前向弧 (V_4,V_t) 上，$f_{4t}=C_{4t}$ 不满足标号条件。

在前向弧 (V_4,V_6) 上，$f_{46}>C_{46}$，则给 V_6 标上号 $[V_4,l(V_6)]$，其中：

$$l(V_6)=\min[l(V_4),C_{46}-f_{46}]=\min(4,4-0)=4$$

即 V_6 的标号为 $(V_4,4)$。

在前向弧 (V_4,V_5) 上，$f_{45}>C_{45}$，则给 V_5 标上号 $[V_4,l(V_5)]$，其中：

$$l(V_5)=\min[l(V_4),C_{45}-f_{45}]=\min(4,5-2)=3$$

即 V_5 的标号为 $(V_4,3)$。

（6）在 V_5,V_6 中任意选一点检查，如 V_6 点。

在前向弧 (V_6,V_t) 上，$f_{6t}<C_{6t}$，则给 V_t 标上号 $[V_6,l(V_t)]$，其中：

$$l(V_t)=\min[l(V_6),C_{6t}-f_{6t}]=\min(4,10-5)=4$$

即 V_t 的标号为 $(V_6,4)$。

按 V_t 及其他点的第一部分标号找到一条增广链，如图 5-2 中的双箭头所示。

该增广链 μ 中：

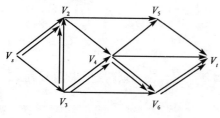

图 5-2 "图 5-1"的一条增广链

$$\mu^+=\{(V_s,V_2),(V_3,V_4),(V_4,V_6),(V_6,V_t)\}$$
$$\mu^-=\{(V_2,V_3)\}$$

按 V_t 的第二部分标号 $\Delta=4$，在 μ 上调整 f。

μ^+ 上：

$$f_{s2}+\Delta=7+4=11$$
$$f_{34}+\Delta=0+4=4$$
$$f_{46}+\Delta=0+4=4$$

$$f_{6t} + \Delta = 5 + 4 = 9$$

μ^- 上：

$$f_{32} - \Delta = 4 - 4 = 0$$

其余的 f_{ij} 不变，于是得到一个新的可行流，如图 5-3 所示，对这个可行流重复标号过程，寻找增广链。

先给 V_s 标号 $(0, \infty)$。

检查 V_s，V_3 点不满足标号条件，V_2 满足标号条件，给 V_2 标 $(V_s, 2)$。

检查 V_2，因在前向弧 (V_2, V_5)、(V_2, V_4) 上，$f_{25} = C_{25}$、$f_{24} = C_{24}$；在后向弧 (V_2, V_3) 上，$f_{32} = 0$，均不满足标号条件，因此标号过程无法继续下去，即已不存在增广链，算法结束，这时的可行流就是最大流。最大流量为：

$$V(f) = f_{s2} + f_{s3} = f_{st} + f_{4t} + f_{61} = 20$$

用标号法找增广链以寻找最大流，不仅能求得从发点到收点的最大流，而且同时可找到最小割集。最小割集是影响网络流量的咽喉，在这里，弧的容量最小，因此它决定了整个网络的最大通行能力，若要提高网络的通行能力，必须从改造这个咽喉部位入手。

当网络中具有多个发点或多个收点时，可增设一个虚拟的发点 V_s 和一个虚拟的收点 V_t，虚拟发点至各点的弧的容量及各收点至模拟收点的弧的容量为无限大。这样，把原来多发点、多收点的网络化成单发点、单收点的网络，便可用前面的标号求最大流。如图 5-4 中，原网络为三个发点、三个收点的网络系统，增设虚拟发点、虚拟收点后就转化成单发点、单收点的网络系统。

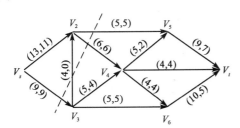

图 5-3　对"图 5-1"调整后的可行流图

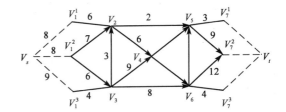

图 5-4　多发点与多收点网络

5.1.3　最短增广链算法

给定单源点 v_s 和单汇点 v_t 的容量网络 $D = (V, A, C)$，可行流为 f，定义弧 (v_i, v_j) 上的剩余容量为 $c'_{ij} = c_{ij} - f_{ij}$。另外，弧 (v_i, v_j) 的反方向的剩余容量为 $c'_{ij} = f_{ji}$。

设 D 关于 f 的剩余网络记为 $D = (V', A', C')$，其中 V' 和 V 相同，对于 D 中的任意弧 (v_i, v_j)，如果 $f_{ij} \leq c_{ij}$，则存在弧 $(v_i, v_j) \in A'$，并且容量为 $c'_{ij} = c_{ij} - f_{ij}$，若 $f(v_i, v_j) < 0$，则存在弧 $(v_i, v_j) \in A'$，并且容量为 $c'_{ij} = f_{ji}$。

当 (v_s, v_t) 路 $(\forall v_i \in V)$ 存在于剩余网络 $D(f)$ 时，可以求出从源点 v_s 到其他各顶点 v_i 的最短路的长度 $h(v_i)$。$h(v_i)$ 就是 v_i（关于 v_s）的层数，即 v_i 是 $D(f)$ 的第 $h(v_i)$ 层顶点，v_s 表示 $D(f)$ 的第 0 层的顶点。

对于 D 的关于 f 的剩余网络 $D' = (V', A', C')$，定义 $D(f)$ 的子网络 $AD(f) = [V'(f), A'(f), c_f]$ 如下：

$$V'(f) = \{v_t\} \cup \{v_i \in V \mid h(v_i) < h(v_t)\}$$

$$A'(f) = \{(v_i,v_j) \in A(f) \mid h(v_j)$$
$$= h(v_i) + 1 < h(v_t)\} \cup \{(v_i,v_t) \in A(f) \mid h(v_i) = h(v_t) - 1\}$$

$AD(f)$ 称为关于 f 的分层剩余网络，其中只有顶点 v_s 和 v_t 分别存在第 0 层和第 $h(v_t)$ 层。$AD(f)$ 中任何路都是 $D(f)$ 的最短路，是因为 $AD(f)$ 包含了 $D(f)$ 中所有的最短路 (v_s, v_t)。

从 D 中任意可行流 f_1（一般设为零）开始，构造剩余网络，再构造分层剩余网络，然后在分层剩余网络中寻找路 (v_s, v_t)，因为分层剩余网络中都是最短路径，所以每次增广都是沿着最短链进行增广，然后删去路 (v_s, v_t) 上的容量最小的弧，得到可行流 f_2，这样一直进行下去，直到剩余网络中不存在 (v_s, v_t) 路，此时即为最大流。

算法步骤：

步骤 0：在 D 中任取可行流 f_1 作为初始流，此时 $k=1$。

步骤 1：首先构造 f_k 的剩余网络 $D(f_k)$，然后构造分层剩余网络 $AD(f_k)$。如果在 $AD(f_k)$ 中 v_t 得不到标号，则算法结束，f_s 就是最大流；否则进行步骤 2。

步骤 2：在分层剩余网络 $AD(f_k)$ 中寻找 (v_s, v_t) 路：

①顶点 v_s 标记为 $(l_s, \delta_s) = (1, \infty)$，令 $i=s$。

②如果 v_i 在 $AD(f_k)$ 中没有出弧，则转④；否则，在 $AD(f_k)$ 中任取一条弧 (v_i, v_j)，并且转③。

③设 v_i 的标记为 (l_i, δ_i)，令 $\delta_j = \min\{\delta_i, c_{ij}(f_k)\}$，$l_j = i$。如果 $j = t$，则转步骤 3；否则令 $i = j$，且转②。

④如果 $l_i \neq -1$，在 $AD(f_k)$ 中删去 v_i 的所有入弧，此时的网络仍为 $AD(f_k)$，并且令 $i = l_i$，转步骤 2 下①；否则令 $f_{k+1} = f_k$，$k = k+1$，转步骤 1。

步骤 3：进行反向追踪从 v_t 的前顶点标号 l_t，找出 $AD(f_k)$ 中 (v_s, v_t) 路 P，沿 P 对 f_k 进行增广，得到新可行流没有变化，依然为 f_k；并在 $AD(f_k)$ 中把 P 上每一条弧的容量 $c_{ij}(f_k)$ 修改为 $c_{ij}(f_k)$ δ_t，删去饱和弧，此时得到新的网络为 $AD(f_k)$；对 $AD(f_k)$ 中所有顶点进行重新标号，重复进行步骤 2。

利用最短增广链算法求解图 5-5 中的最大流。

①取初始可行流 $f_1 = 0$，得出剩余网络 $D(f_1)$，如图 5-6 所示，然后构造分层剩余网络为 $AD(f_1)$，如图 5-7 所示。

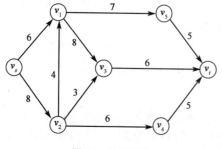

图 5-5　原网络图

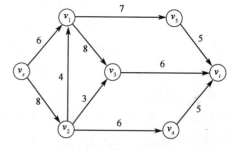

图 5-6　剩余网络 $D(f_1)$

②在 $AD(f_1)$ 中找到 (v_s, v_t) 路 $P_1 = v_s v_1 v_5 v_t$，沿 P_1 对 f_1 增广得到可行流 f_2，如图 5-8 所示。

③调整图 5-7 得到图 5-9，于是找到 (v_s, v_t) 路 $P_2 = v_s v_2 v_4 v_t$，沿此路 P_2 对 f_2 增广，得可行流

f_3 ,如图 5-10 所示。

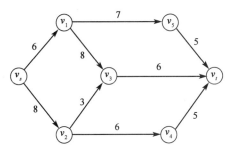

图 5-7 分层剩余网络 $AD(f_1)$

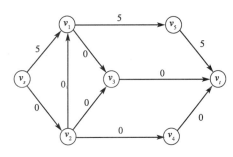

图 5-8 第一次增广

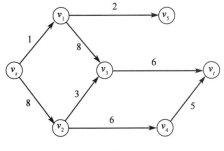

图 5-9 分层剩余网络 $AD(f_2)$

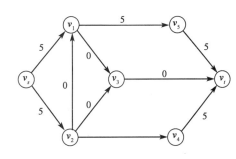

图 5-10 第二次增广

④调整图 5-9 得到图 5-11,找到 (v_s,v_t) 路 $P_3 = v_s v_2 v_3 v_t$,沿此路 P_3 对 f_3 增广,得可行流 f_4 ,如图 5-12 所示。

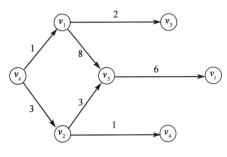

图 5-11 分层剩余网络 $AD(f_3)$

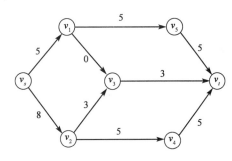

图 5-12 第三次增广

⑤调整图 5-11 得到图 5-13,找到 (v_s,v_t) 路 $P_4 = v_s v_1 v_3 v_t$,沿此路 P_4 对 f_4 增广,得可行流 f_5 ,如图 5-14 所示。

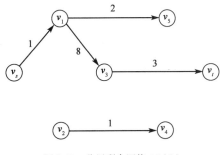

图 5-13 分层剩余网络 $AD(f_4)$

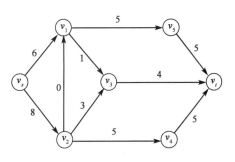

图 5-14 第四次增广

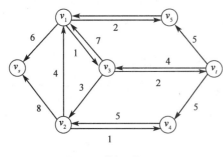

图 5-15 剩余网络 $D(f_5)$

⑥调整图 5-13 找不到 (v_s, v_t) 路,构造剩余网络 $D(f_5)$,如图 5-15 所示,最大流为 14。

5.1.4 分区域求解法

将给定网络图 G 用竖线划分为若干个区域,将连接 v_s 的所有弧划为一个区域,将连接 v_t 的所有弧再划为一个区域。根据具体的情况把中间节点之间的弧分为几个区域,在这些分划的区域中保证如果把其中任一区域的弧全部截断时,整个网络图找不到从源点 v_s 到汇点 v_t 的路。每个区域包含若干条弧,一条弧可以同时属于几个区域,然后将与竖线交叉的所有前向弧的容量相加,标记于竖线下方。比较各竖线下方标记值,记容量最小值为 $\min C$,由于每个区域都必须是从源点 v_s 到汇点 v_t 的必经之路,显然整个网络的最大流不会超过 $\min C$。接着从最小值竖线中的每条前向弧出发,按照这些弧上尾点的入度从小到大的顺序依次寻找包含这些弧的增广链(如果有几个顶点的入度相同时,则优先选择其弧上容量大的弧,如果 $\min C$ 所在的区域是第一块区域,则按照其顶点的出度),而后调整增广链,尽量使这些前向弧上的流量达到饱和,这时所有这些前向弧上的流量之和就是网络的最大流量。

算法的主要思想就是先将网络图进行分区,然后从容量和最小的区域的各条前向弧入手寻找包含这些弧的增广链,依次使这些弧达到最大流量,优先选择路径最短的可行流进行增广(当路径相同时优先选择具有较大容量的路),每一次划去已达到饱和的弧,直至找不到从 v_s 到 v_t 的路为止。

求 $G = (V, A, c)$ 的最大流的步骤:

步骤 1:对 $G = (V, A, c)$ 进行初始化,令初始的可行流 $f = 0$。

步骤 2:将给定网络图 G 用竖线划分为若干个区域,将连接 v_s 的所有弧划为一个区域、将连接 v_t 的所有弧再划为一个区域,再根据具体的情况把中间节点之间的弧分为若干个区域,然后将与竖线交叉的支路上所有前向弧的容量相加,标记于竖线下方。比较各竖线下方标记值,记容量最小值为 $\min C$。把该区域中的所有前向弧按其尾点的入度从小到大进行排序(当顶点的度一样时则弧上容量大的排在前面,如果 $\min C$ 所在的区域是第一块区域,则按照其顶点的出度),记为 $A = \{a_1, a_2, \cdots, a_n\}$。

步骤 3:从 v_s 出发,首先判断是不是存在一条到 v_t 的可增广链,如果存在,则执行步骤 4;如果不存在,则执行步骤 6。

步骤 4:判断是否能找到一条从 V_s 到 V_t 的含有 $a_i (i = 1, 2, \cdots, n)$(按照步骤 2 中排序依次取 A 中弧 a_i)的最短可增广链(即经过中间点最少的路径)。当同时有几个相同的 a_i 时,优先选择包含左边顶点出度小的或者右边顶点出度大的,如果存在则执行步骤 5;若不存在,则 $i = i + 1$,转步骤 3。

步骤 5:寻找包含弧 a_i 的自源点 v_s 到汇点 v_t 的路,如找出包含弧 v_i 从 v_j 到汇点的最小层数路,反向追踪找出 v_i 到源点的最小层数路,在选取层次相同的顶点时首先选含有较大容量的弧加入增广链,将此增广链中所有弧的流量值后面都添加上 δ,其中:

$$\delta = \min\{c_{ij} - f_{ij}\}$$

增广过程中保证每一次增流时,增广链上至少有一条弧饱和,终止符"||"画在达到饱和的弧上,执行步骤6。

步骤6:算出所有以 v_s 为发点的出弧上的流量之和 f,即是最大值,算法结束。

用分区域求解法求解图5-16网络从源点 S 到汇点 T 的最大流。

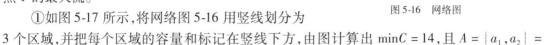

图5-16 网络图

①如图5-17所示,将网络图5-16用竖线划分为3个区域,并把每个区域的容量和标记在竖线下方,由图计算出 $minC = 14$,且 $A = \{a_1, a_2\} = \{v_4 v_t, v_3 v_t\}$。

②找含有弧 $a_1 = (v_4, v_t)$ 的可增广链,选择时首先选择路径最短且容量最大的可增广链 $u_1: v_s - v_2 - v_4 - v_t$,其中 $\delta_1 = 7$。此时弧 (v_s, v_2) 达到饱和,然后把终止符"||"标记在 (v_s, v_2) 上,如图5-18所示。

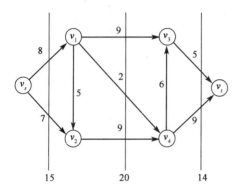

图5-17 图5-16网络图的分区

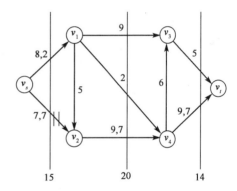

图5-18 选取 u' 并进行增广调整

③找含有弧 $a_1 = (v_4, v_t)$ 的可增广链,找到可增广链 $u_3: v_s - v_1 - v_4 - v_t$,其中 $\delta_2 = 2$。此时弧 $(v_1, v_4) \cdot (v_4, v_t)$ 达到饱和,然后把终止符"||"标记在 $(v_1, v_4) \cdot (v_4, v_t)$ 上,如图5-19所示。

④找含有弧 $a_2 = (v_3, v_t)$ 的可增广链,选择时首先选择路径最短且容量大的可增广链 $u_2: v_s - v_1 - v_3 - v_t$,其中 $\delta_3 = 5$。此时可以看出弧 (v_3, v_t) 达到饱和,因此把终止符"||"标记在 (v_3, v_t) 上,如图5-20所示。

⑤图5-20中找不到含有从 v_s 到 v_t 的路径,此时算法结束,求得最大流是 $f_{max} = 5 + 9 = 14$。

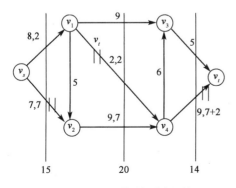

图5-19 选取 u_2 并进行增广调整

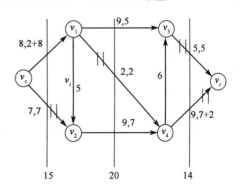

图5-20 选取 u_3 并进行增广调整

5.1.5 筛选饱和弧算法

在对增广链进行增广时,饱和弧不能再进行流量增加,因此可以首先将此类弧归为终止弧,即表示在以后的选取增广链时不再考虑这些弧,然后再对剩下的弧进行增流。每次增流之后必将会产生至少一条饱和弧,直至整个容量网络不再含有从始点到终点的增广链为止。计算步骤如下:

步骤1:将容量网络 $G = (V, E, C, f)$ 中的饱和弧画上终止符"‖",归为终止弧,得到新的容量网络 G'。

步骤2:在 G' 中,从始点 v_s 出发,判断是否存在一条到终点 v_t 的增广链,若存在转步骤3,若不存在转步骤4。

步骤3:在 G' 中,寻找一条从 v_s 到 v_t 的最短增广链(即经过中间点最少的路径),并将此增广链中对应弧的流量后面相应的标上" $+\delta$ "或" $-\delta$ ",其中:

$$\delta = \min\left\{\min_{(v_i, v_j)}(c_{ij} - f_{ij}), \min_{(v_i, v_j)} f_{ij}\right\}$$

确保每次的增流至少使一条弧饱和,并在饱和弧上画上终止符"‖",转步骤2。

步骤4:当不存在 (v_s, v_t) 路时算法终止,这时网络的最大流就是以 v_s 为源点的所有源点弧的流量之和。

此算法可以在一个网络图上完成整个增流过程。

用筛选饱和弧算法求图5-21所示的容量网络 G 中从 v_s 到 v_t 的最大流。

①首先,将饱和弧 (v_s, v_2)、(v_1, v_4)、(v_1, v_3)、(v_2, v_5)、(v_3, v_t) 画上终止符"‖",如图5-22所示,这样得到了除去第一类饱和弧后的网络 G',如图5-23所示。

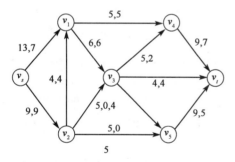

图5-21　原网络图

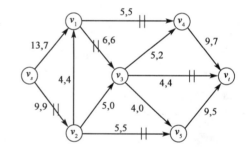

图5-22　将饱和弧画上终止符

②其次,在图5-23中找到可增广路径 $P_1: v_s v_1 v_2 v_3 v_5 v_t$,其中 $\delta_1 = \min\{13 - 7, 4, 5 - 0, 4 - 0, 10 - 5\} = 4$。因此在图5-23的基础上,将相应的边上标上对应的 +4 或 −4(正向边 +4,反向边 −4),并将符合条件的饱和弧 (v_3, v_5)、(v_5, v_t) 画上终止符"‖",得到图5-24。除去这些饱和弧后得到网络 G',如图5-25所示。

③由图5-25可以看出,容量网络 G 还有一条 v_s 到 v_t 的路径 $P_2: v_s v_1 v_2 v_3 v_4 v_t$,但是其中逆向弧 (v_2, v_1) 因为流量等于0,不满足增流条件,因此 P_2 不是增广链,从而图5-25中不再有从 v_s 到 v_t 的增广链。因此容量网络最大流 $f_{\max} = 7 + 4 + 9 = 20$。

此算法在原网络图上就可完成,即整个增流过程只需要一个图即可,如图5-26所示,这里为了详细说明算法具体实现步骤,把求解过程分解为以上几个图。

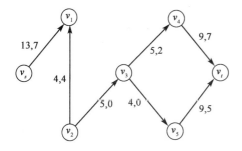

图 5-23　删去图 5-22 中饱和弧

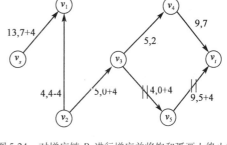

图 5-24　对增广链 P_1 进行增广并将饱和弧画上终止符

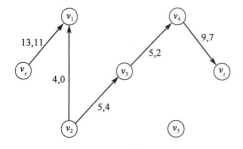

图 5-25　删去图 5-24 中的饱和弧

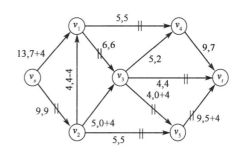

图 5-26　整个求解过程示意图

5.2　最大流最小割量定理

某网络图如图 5-27 所示,在网络的某处横切一些弧,把网络切成两半,一半包含发点 V_s,一半包含收点 V_t。若将被切的弧全部去掉,即将弧集 $E_1 = \{(V_2, V_4), (V_3, V_4), (V_3, V_5)\}$ 去掉,则发点 V_s 与收点 V_t 之间不存在通路,这个弧集 E_1 被称之为割集。

一般地,若网络的节点集为 V,把点集 V 分割成两个集合 S、T。S 包含发点 V_s,T 包含收点 V_t,并使得 S、$T \subset V$, $S \cup T = V, S \cap T = \phi$,则把由起点在 S、终点在 T 的所有弧组成的集体 (S, T) 称之为割集。把割集 (S, T) 中的所有弧的容量之和称之为这个割集的容量(割量),记为 $C(S, T)$,即

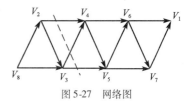

图 5-27　网络图

$$C(S, T) = \sum_{(V_s, V_t) \in (S, T)} c_{ij}$$

不难看出,割集是 V_s 到 V_t 的必经之路,任何一个可行流的流量 $V(f)$ 都不会超过任一割集的容量,即

$$V(f) \leq C(S, T)$$

在网络中,割量最小的割集称为最小割集,其割量为网络的最小割量,简称为最小割。由于任一割集均为网络中由 V_s 到 V_t 的必经之路,所以,网络中的任一可行流都将不会超过相应每个割集的割量,而最大流必为网络中的最小割。在任一网络中,从 V_s 到 V_t 的最大流的流量等于分割 V_s 和 V_t 的最小割的容量。

在图 5-28 所示的公路交通网络,V_s 为发点,V_t 为收点,弧旁数据为通行能力。若在图中取

一割集 S_1，将弧 (V_s, V_2)，(V_s, V_3) 割断，则网络被分割成为两个互不连通的子图。而 V_s、V_t 分别属于这两个子图，这样从 V_s 到 V_t 的通路被中断。割集的容量为 $C_{S2} + C_{S3} = 13\,000 + 9\,000 = 22\,000$ 辆/日。任何一个可行流 f 相应的网络流量 $V(f)$ 均不可能超过这个割集的容量。如果在图中另取一个割集 S_2，其割量为 $C_{S2} + C_{32} + C_{34} + C_{36} = 13\,000 + 4\,000 + 5\,000 + 5\,000 = 27\,000$（辆/日），那么，该网络任何一个可行流 f 相应的网络流量 $V(f)$ 也不会超过这个割集的容量。由此可以联想到，如果把网络的所有割集全找出并计算其割量，如表 5-1 所示，就可得到这个网络的最小割量。

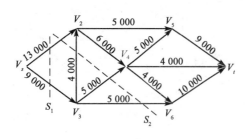

图 5-28　公路交通网络

割　集　与　割　量　　　　　　表 5-1

S	T	(S,T)	$C(S,T)$
S	$2,3,4,5,6,t$	$(s,2)(s,3)$	22 000
$S,2$	$3,4,5,6,t$	$(s,3)(2,5)(2,4)$	20 000
$S,3$	$2,4,5,6,t$	$(s,2)(3,4)(3,2)(3,6)$	27 000
$S,2,3$	$4,5,6,t$	$(2,5)(2,4)(3,4)(3,6)$	21 000
$S,2,3,4$	$5,6,t$	$(2,5)(4,5)(4,6)(4,t)(3,6)$	23 000
$S,2,3,4,5,6$	T	$(4,s)(5,t)(6,t)$	23 000
$S,3,6$	$2,4,5,t$	$(s,2)(3,2)(3,4)(6,t)$	32 000
$S,2,4,5$	$3,6,t$	$(s,3)(4,6)(4,t)(5,t)$	26 000
$S,3,4,6$	$2,5,t$	$(s,2)(3,2)(4,5)(4,t)(6,t)$	36 000
$S,2,5$	$3,4,6,t$	$(s,3)(2,4)(5,t)$	24 000
$S,2,3,4,5$	$6,t$	$(3,6)(4,6)(4,t)(5,t)$	22 000

　　例中的最小割量为 20 000 辆/日，显然从发点 V_s 到收点 V_t，整个网络的流量（即总交通量）$V(f)$ 最大不会超过 20 000 辆/日。可见网络的最大流与网络的最小割量有密切的关系。

　　最大流量—最小割量定理：任意网络 D 中，从发点 V_s 到收点 V_t 的最大流的流量等于分离 V_s、V_t 的最小割集的容量。只要能找到网络的一个最小割量，那么就可得到网络的最大流量，但对于较复杂的网络，直接找最小割集是很麻烦的，且容易漏掉最小割集。

　　某河流中有几个岛屿，从两岸至各岛屿及各岛屿之间的桥梁编号如图 5-29 所示。在一次敌对的军事行动中，问至少应炸断哪几座桥梁，才能完全切断两岸的交通联系。

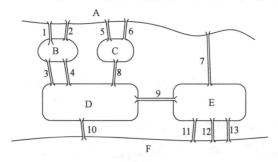

图 5-29　地形示意图

将两岸及岛屿用点表示,相互间有桥梁联系的用线表示,可画出图5-30。

图中连线方向根据从 A 出发通向 F 的方向来定。因如 $A{\to}F$ 方向不通的话,从 $F{\to}A$ 的方向也走不通。其中 D、E 之间可能从 $D{\to}E$,也可能从 $E{\to}D$,故画相对方向的两条线。各弧旁数字为两点间的桥梁数,相当于容量。要求切断 A、F 间交通联系的最少桥梁数,就相当于求图5-30中网络的最小割集。

求出网络图5-30中的最小割集如图5-31所示。由图5-31得该网络的最小割集为 $\{(D,F)(D,E)(A,E)\}$,即至少应炸断编号为7、9、10的三座桥梁,才能完全切断两岸的交通联系。

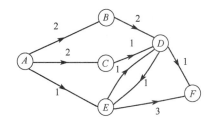

图5-30　两岸、岛屿及桥梁简化图

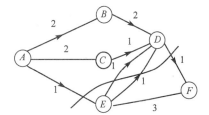

图5-31　网络图的最小割集

5.3　最小费用最大流问题

5.3.1　问题描述

最大流问题是在一个边容量有限的网络图中,求发点至收点的最大流值。然而,有些现实网络图不仅应考虑流量,而且应考虑费用,即网络中的边除了容量限制外,还附加运送单位流量所需费用。于是,人们便提出问题:如何求出一个最大流,既满足运输量,又使费用最小?这就是最小费用最大流问题。例如,制造商需将成品运至远处的仓库,可以从许多条路线上进行运输,每段线路的单位运输成本不同,且都有最大运输量的限制,制造商如何选择运输方案才能花最少钱把全部成品从工厂运至仓库? 这是典型的最小费用流问题。

网络 $G = (V, A, C)$,每条弧 $(V_i, V_j) \in A$ 上,除容量 C_{ij},还给了一个单位流量的费用 $b(V_i V_j) \geqslant 0$,所谓最小费用最大流就是要求一个最大流 f,使流的总运输费用取最小值。即

$$\min b(f) = \min \sum b_{ij} f_{ij} \qquad (V_i, V_j) \in A$$

网络最大流的实现有多种方案,最小费用最大流就是从众多方案中选择费用最少的方案的最大流。因此可以枚举所有的最大流方案,分别计算各方案的费用,费用最少的方案就是最小费用最大流。

5.3.2　最小费用增广链算法

寻找最大流的方法是从某个可行流出发,找到关于这个流的一条增广链 μ。沿着 μ 调整 f,对新的可行流继续寻求增广链,如此反复直到最大流。现在的问题是要寻求最小费用的最大流,首先考虑,当沿着一条关于可行流 f 的增广链 μ,以 $\Delta = 1$ 调整 f,得到新的可行流 f' [显然 $V(f') - V(f) = 1$]时,费用 $b(f')$ 比 $b(f)$ 增加:

$$b(f') - b(f) = \left[\sum_{\mu^+} b_{ij}(f'_{ij} - f_{ij}) - \sum_{\mu^-} b_{ij}(f'_{ij} - f_{ij}) \right] = \sum_{\mu^+} b_{ij} - \sum_{\mu^-} b_{ij}$$

$\sum_{\mu^+} b_{ij} - \sum_{\mu^-} b_{ij}$ 称为增广链 μ 的"费用"。

若 f 是流量为 $V(f)$ 的所有可行流中费用最小者，μ 是关于 f 的所有增广链中费用最小的增广链，那么沿 μ 调整 f，得到的可行流 f'，就是流量为 $V(f')$ 的所有可行流中的最小费用流；当 f' 是最大流时，即为所要求的最小费用最大流。

在实际问题中，费用 b_{ij} 总是非负的，所以 $f = 0$ 必是流量为 0 的最小费用流。这样，总可以从可行流 $f = 0$ 开始。一般地，设已知 f 是流量 $V(f)$ 的最小费用流，余下的问题就是如何去寻找关于 f 的最小费用增广链。

为了找出关于 f 的最小费用增广链，需要构造一个长度网络 $L(f)$，使得在网络 G 中寻找关于 f 的最小费用增广链等价于在长度网络 $L(f)$ 中寻找从 V_s 到 V_t 的最短路。长度网络的构造方法如下：

（1）保持原网络各顶点不动，每两点之间各连正反向两条弧。

（2）对于正向弧（与原网络方向一致者），令弧长：

$$l_{ij} = \begin{cases} b_{ij} & f_{ij} < C_{ij} \\ +\infty & f_{ij} = C_{ij} \end{cases}$$

其中，$+\infty$ 表示该弧已经饱和，不能再增大流量，这样的弧在 $L(f)$ 图中可以省略。

（3）对于反向弧，令弧长：

$$l_{ij} = \begin{cases} -b_{ij} & f_{ij} > 0 \\ +\infty & f_{ij} = 0 \end{cases}$$

这里 $+\infty$ 的意义是流量已减小到 0，不能再小，这样的弧也是可以省略。

于是，求网络最小费用最大流的算法可归纳如下：

（1）取零流为初始可流量 $f^{(0)} = 0$。

（2）构造长度网络 $L^{(0)}$，在 $L^{(0)}$ 上求 $V_s \rightarrow V_t$ 最短路。这条最短路就是对应在原网络中的关于 $f^{(0)}$ 的最小费用增广链。

（3）在原网络中找到相应于最短路的增广链 μ。沿 μ 对 $f^{(0)}$ 进行调整，于是得费用最小的可行流 $f^{(1)}$。

（4）设在第 $k - 1$ 步，得到最小费用流为 $f^{(k-1)}$，在原网络 G 中找到相应的增广链 μ，在 μ 上对 $f^{(k-1)}$ 进行调整，调整量为：

$$\Delta = \min \left\{ \min_{\mu^+} (c_{ij} - f_{ij}^{(k-1)}) \ \min_{\mu^-} (f_{ij}^{(k-1)}) \right\}$$

令

$$f_{ij}^{(k)} = \begin{cases} f_{ij}^{(k-1)+\Delta} & (V_i, V_j) \in \mu^+ \\ f_{ij}^{(k-1)-\Delta} & (V_i, V_j) \in \mu^- \\ f_{ij}^{(k-1)} & \text{其他} \end{cases}$$

于是得到一个新的同行流 $f^{(k)}$。

（5）返回第 2 步，继续进行，直到 L 网络中不存在最短路为止，这时的可流量 f 就是最小费用的最大流。

某地区公路交通网络如图 5-32 所示，弧上的数字为 (b_{ij}, c_{ij})，b_{ij} 为单位行驶费用（元/辆），c_{ij} 为路段通行能力（千辆/h），求该网络的最小费用最大流。

取初始可行流为零流 $f^{(0)} = 0$，并以此构成相应的长度网络 $L^{(0)}$（图5-33）。

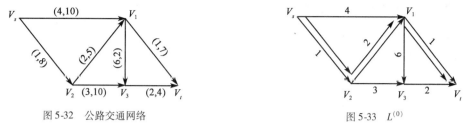

图5-32　公路交通网络　　　　　　　图5-33　$L^{(0)}$

在 $L^{(0)}$ 上，求出从 V_s 到 V_t 的最短路，其最短路线为 $V_s \rightarrow V_2 \rightarrow V_1 \rightarrow V_t$。如图5-33中的双线所示。

在原网络中找出与最短路相应的最小费用增广链 μ 上进行调整，调整量为：

$$\Delta = \min\left\{\min_{\mu^+}(c_{ij} - f_{ij}^{(0)})\ \min_{\mu^-}(f_{ij}^{(0)})\right\} = \min\left\{(8-0),(5-0),(7-0)\right\} = 5$$

调整后得到新的最小费用客流量 $f^{(1)}$，如图5-34所示。重复前面的过程。构造长度网络 $L^{(1)}$，如图5-35所示。并找出最短路 $V_s \rightarrow V_1 \rightarrow V_t$，如图5-35中的双线。

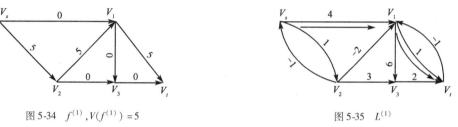

图5-34　$f^{(1)}, V(f^{(1)}) = 5$　　　　　　　图5-35　$L^{(1)}$

在 G 中找出相应的0增广链 μ，对 $f^{(1)}$ 进行调整。调整量为 $\Delta = \min\{(10-0),(7-5)\} = 2$，得新的最小费用客流量 $f^{(2)}$（图5-36）。

重复上面的方法，依次求出 $L^{(2)}$（图5-37）、$f^{(3)}$（图5-38）、$L^{(3)}$（图5-39）、$f^{(4)}$（图5-40）、$L^{(4)}$（图5-41）。

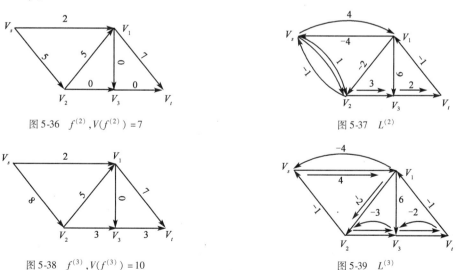

图5-36　$f^{(2)}, V(f^{(2)}) = 7$　　　　　　　图5-37　$L^{(2)}$

图5-38　$f^{(3)}, V(f^{(3)}) = 10$　　　　　　　图5-39　$L^{(3)}$

当进行到 $L^{(4)}$ 时，在 $L^{(4)}$ 中已不存在最短路，即在长度网络 $L^{(4)}$ 中，V_s 与 V_t 之间不存在通路，这时算法结束。$f^{(4)}$ 就是所要求的最小费用最大流。即图5-28的公路交通网的最大流量

为 11 000 辆/h,最大流量的最小费用为:

$$4 \times 3\,000 + 1 \times 7\,000 + 1 \times 8\,000 + 2 \times 4\,000 + 3 \times 4\,000 + 2 \times 4\,000 = 55\,000(元/h)$$

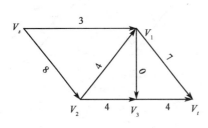

图 5-40 $f^{(4)}$,$V(f^{(4)}) = 11$

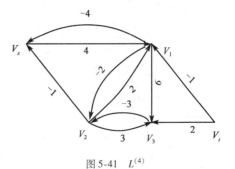

图 5-41 $L^{(4)}$

5.3.3 最小单位费用路链算法

在每一个容量—费用网络中,都有由 v_s 到 v_t 的有向链,每条有向链都具有最大容量,根据每条有向链的最大容量,可以计算出该条有向链的最大流最小费用,然后由此条链的最大容量和最大流最小费用可以计算出该条链的单位费用,取零流作为初始可行流,选取单位费用最小的有向链,对该条有向链进行最大容量的增广,直到不能增广为止。

步骤 1:寻找由 v_s 到 v_t 的所有有向链

①寻找由 v_s 到 v_t 的所有有向链。

②依次标出每条链的最大容量和最大流最小费用,并计算出相应的单位费用。

③如果最大容量为 0 时,则单位费用为 ∞,且将最大容量为 0 的边标记为"||",转步骤 2;否则,当所有单位费用都为 ∞ 时,此时,不再存在由 v_s 到 v_t 的有向链,不能再进行增广,此时,为最小费用最大流,结束。

步骤 2:对初始可行流进行增广:

①对原容量—费用网络 $D = (V, A, c, w)$ 初始化,使初始可行流为 0;

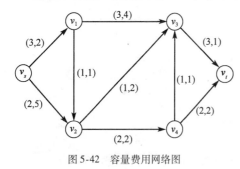

图 5-42 容量费用网络图

②选取单位费用最小的有向链,对该条有向链进行最大容量的增广;

③不再存在由 v_s 到 v_t 的有向链时,则不能再进行增广,结束,此时为最小费用最大流。

求解图 5-42 所示的容量—费用网络 $D = (V, A, c, w)$ 中从 v_s 到 v_t 的最小费用最大流。

(1)找出图 5-42 中的所有由 v_s 到 v_t 的有向路径(表 5-2)。

由 v_s 到 v_t 的有向路径表   表 5-2

由 v_s 到 v_t 的有向路径	最 大 容 量	最大流最小费用	单 位 费 用
v_s-v_1-v_3-v_t	3	21	7
v_s-v_1-v_2-v_3-v_t	1	6	6
v_s-v_1-v_2-v_4-v_3-v_t	1	7	7
v_s-v_1-v_2-v_4-v_t	1	7	7

续上表

由 v_r 到 v_t 的有向路径	最 大 容 量	最大流最小费用	单 位 费 用
v_r-v_2-v_4-v_t	2	18	9
v_r-v_2-v_3-v_t	1	8	8
v_r-v_2-v_4-v_3-v_t	1	9	9

（2）对初始可行流进行增广。

根据上表，选取 v_s-v_1-v_2-v_3-v_t，记为 f_1，对其进行流值为 1 的增广（黑线表示），如图 5-43 所示，并删除其中的饱和弧，见图 5-44。

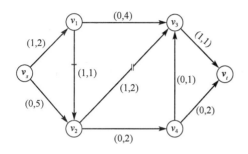

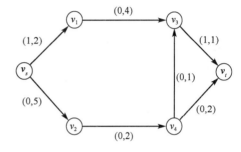

图 5-43　对其进行流值为 1 的增广　　　　　图 5-44　删除图 5-43 中的饱和弧

（3）找出图 5-44 中的所有由 v_r 到 v_t 的有向路径（表 5-3）。

由 v_r 到 v_t 的有向路径　　　　　　　　　　　　　　　　　表 5-3

由 v_r 到 v_t 的有向路径	最 大 容 量	最大流最小费用	单 位 费 用
v_r-v_1-v_3-v_t	2	14	7
v_r-v_1-v_2-v_3-v_t	0	0	∞
v_r-v_1-v_2-v_4-v_3-v_t	0	0	∞
v_r-v_1-v_2-v_4-v_t	0	0	∞
v_r-v_2-v_4-v_t	2	18	9
v_r-v_2-v_3-v_t	0	0	∞
v_r-v_2-v_4-v_3-v_t	1	9	9

（4）对图 5-44 流进行增广。

根据上表，选择 v_r-v_1-v_3-v_t，记为 f_2，对其进行流值为 2 的增广（黑线表示），如图 5-45 所示，并删除其中的饱和弧，见图 5-46。

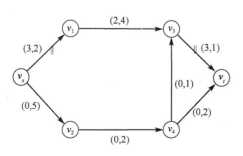

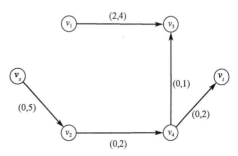

图 5-45　第二条增广链　　　　　　　　　　图 5-46　删除图 5-45 中的饱和弧

（5）找出图5-46中的所有由v_r到v_t的有向路径（表5-4）。

由 v_r 到 v_t 的有向路径 表5-4

由 v_r 到 v_t 的有向路径	最 大 容 量	最大流最小费用	单 位 费 用
v_r-v_1-v_3-v_t	0	0	∞
v_r-v_1-v_2-v_3-v_t	0	0	∞
v_r-v_1-v_2-v_4-v_3-v_t	0	0	∞
v_r-v_1-v_2-v_4-v_t	0	0	∞
v_r-v_2-v_4-v_t	2	18	9
v_r-v_2-v_3-v_t	0	0	∞
v_r-v_2-v_4-v_3-v_t	0	0	∞

（6）对图5-46流进行增广。

根据上表，选择v_r-v_2-v_4-v_t，记为f_3，对其进行流值为2的增广（黑线表示），如图5-47所示，并删除其中的饱和弧，见图5-48。

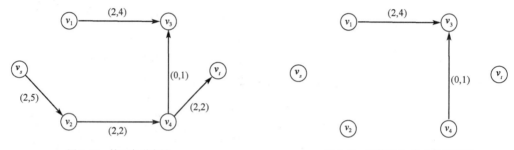

图5-47　第三条增广链　　　　　　　　图5-48　删除图5-47中的饱和弧

（7）图5-48中没有由v_r到v_t的有向路径。f_3为D的最小费用最大流，且最小费用为18。

5.3.4　最小费用流算法

从最大流出发，在最小的单位流量费用存在的前提下，寻找增广链。算法的步骤如下：

步骤1：在不考虑费用的情况下，计算网络的最大流，以确定停止计算的条件。

步骤2：求解网络v_s到v_t的最短路问题，即最小的单位流量费用b^1，确定路径的最大流量f^1，然后求出该路径的费用流，$b^1(f) = b^1 f^1$。

步骤3：网络中不考虑已饱和的弧，再寻求次最短路单位流量费用和路径的流量，依次开始寻求$b^3 \cdots, f^3 \cdots$，累计路径的费用流，$F = \sum b^i f^i$。

步骤4：当累计的输出流量等于网络的最大流时，即得到给定流量条件下的最小费用最大流。

对图5-49求解最小费用最大流。

步骤1：在不考虑费用的情况下，(c_{ij}, b_{ij})可视为$(c_{ij}, 0)$，则求出网络的最大流为$f = 0$。

步骤2：在不考虑流量的情况下，(c_{ij}, b_{ij})可视为$(0, c_{ij})$，求出第一条最小费用路径$v_1 \rightarrow v_4 \rightarrow$

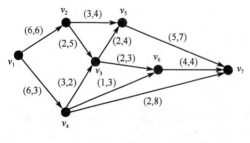

图5-49　网络示意图

$v_6 \rightarrow v_7$, 单位流量费用 $b^1 = 3 + 3 + 4$, 支路流量 $f^1 = \min(6, 3, 1, 4) = 1$, 路径费用流 $b_1(f) = b^1 f^1 = 10 \times 1 = 10$。调整网络流量, $v_1 \rightarrow v_4 \rightarrow v_6 \rightarrow v_7$ 各弧流量减1, 由于弧 (v_4, v_6) 流量已饱和, 网络 v_4 与 v_6 之间断开, 由此得到新的网络, 如果图 5-50 所示。

步骤3: 在查找次最小费用路径即新网络的最小费用路径时, 网络的最小费用路径为 $v_1 \rightarrow v_4 \rightarrow v_7$, 单位流量费用 $b^2 = 3 + 8$, 路径流量 $f^2 = \min(6 - 1, 2) = 2$, 累计流量 $\sum f^i = 1 + 2 + 3$, 路径费用流 $b^2 f^2 = 11 \times 2 = 22$。这时可将 (v_4, v_7) 之间断开, $v_1 \rightarrow v_4 \rightarrow v_7$ 各弧流量减2, 得到图 5-51。

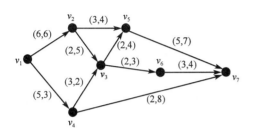

图 5-50 消去第一条饱和路

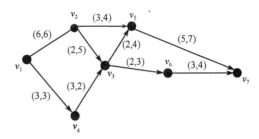

图 5-51 消去第二条饱和路

步骤4: 类似步骤3不断迭代查找, 当累计流量达到10时或从 v_1 到 v_7 不再有流量路径时, 就得到了网络的最小费用最大流, 见表 5-5。

最小费用最大流求解过程 表 5-5

支路	最小费用路径 (最短路)	单位流量费用 b^i	流量 f^i	路径费用流 $b^i f^i$	累积流量 $\sum f^i$	累计费用流 $\sum b^i f^i$
1	$v_1 \rightarrow v_4 \rightarrow v_6 \rightarrow v_7$	10	1	10	1	10
2	$v_1 \rightarrow v_4 \rightarrow v_7$	11	2	22	3	32
3	$v_1 \rightarrow v_4 \rightarrow v_3 \rightarrow v_6 \rightarrow v_7$	12	2	24	5	56
4	$v_1 \rightarrow v_4 \rightarrow v_3 \rightarrow v_5 \rightarrow v_7$	16	1	16	6	72
5	$v_1 \rightarrow v_2 \rightarrow v_5 \rightarrow v_7$	17	3	51	9	123
6	$v_1 \rightarrow v_2 \rightarrow v_3 \rightarrow v_5 \rightarrow v_7$	22	1	22	10	145

5.3.5 费用差算法

对于容量—费用网络 $G(V, A, C, W)$, 设 p 是一条 (v_s, v_t) 路, 单位流量的费用差为路 p 上最大的单位流量与最小的单位流量的费用的差, 简记费用差, $\overline{w} = w_{\max} - w_{\min}$。费用和为路 p 上所有弧的单位流量的费用与流量的乘积的和, 记为: $\sum_{(v_i, v_j) \in p} w_{ij} f_{ij}$。

要算出发点到收点的最小费用最大流, 关键是路径的选择, 路径的选择不同, 最终得出的结论也会不同。因此, 要选出最优路径。算法首先计算出从发点到收点的所有路径的费用差, 选择费用差最小的那条路径进行增广。如若至少有两条路径的费用差是一样的, 就依据修正原则进行选择。修正原则是算出所有有向路径的费用和, 选择费用和最小的那条路径; 如若至少有两条路径的费用和是相同的, 则选择路径最短的有向路径。如果起初的单位流量的费用都是一样的, 那么此时的最小费用最大流问题等价于最大流问题。

算法步骤:

步骤 1:取零流 f 作为初始可行流。

步骤 2:找出所有的 (v_s,v_t) 路,并且计算出每条路径上弧的费用差,若当前没有 (v_s,v_t) 路,则转步骤 4。

步骤 3:根据新算法思想选择费用差最小的那条路径进行增广,若至少有两条路径的单位费用差一样,那么根据修正原则选择路径进行增广,增广的流量为 $\sigma = \min\left\{\sum\limits_{(v_i,v_j)\in p} c_{ij}(f)\right\}$。这样每次至少使一条弧达到饱和。当弧饱和时就删去这条弧,未达到饱和的弧就对其容量进行修改,修改后的容量应为其剩余容量。

步骤 4:当前网络中已经没有 (v_s,v_t) 路时结束增广,这时算出路径的最大流 $f_{\min}=\sum\sigma$,最小费用 $\omega = \sum\limits_{(v_i,v_j)\in P}\omega_{ij}\cdot f_{ij}$。

求出图 5-52 中从 v_s 到 v_t 的最小费用最大流。

①先算出所有 (v_s,v_t) 路的费用差:$v_sv_1v_4v_t$ 的费用差为 $6-1=5$,$v_sv_1v_5v_t$ 的为 $6-1=5$,$v_sv_1v_2v_5v_t$ 的为 $6-1=5$,$v_sv_1v_2v_6v_t$ 的为 $6-1=5$,$v_sv_2v_5v_t$ 的为 $5-2=3$,$v_sv_2v_6v_t$ 的为 $5-2=3$,$v_sv_3v_6v_t$ 的为 $3-1=2$;根据新算法选择 $v_sv_3v_6v_t$;增广的流量为 $\sigma_1 = \min\{7,8,9\}=7$,增广后的图为图 5-53。

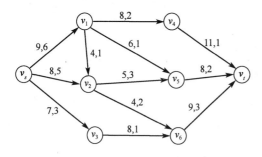

图 5-52 容量—费用网络图

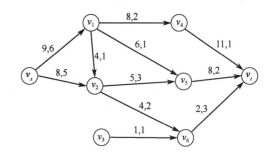

图 5-53 选取增广链 $v_sv_3v_6v_t$ 并进行增广

②根据新算法,$v_sv_2v_5v_t$ 和 $v_sv_2v_6v_t$ 的费用差都是 3,那么根据修正原则计算出每条有向路径的费用和:$v_sv_2v_5v_t$ 的费用和为 71,$v_sv_2v_6v_t$ 的费用和为 54,那么选择 $v_sv_2v_6v_t$。增广的流量为 $\sigma_2 = \min\{8,4,2\}=2$,增广后的图为图 5-54。

③继续按照新算法,此时应按 $v_sv_2v_5v_t$ 增广,增广的流动为 $\sigma_3 = \min\{6,5,8\}=5$,增广后的图如图 5-55。

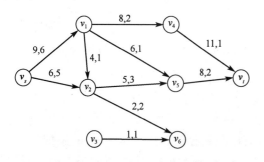

图 5-54 选取增广链 $v_sv_2v_6v_t$ 并进行增广

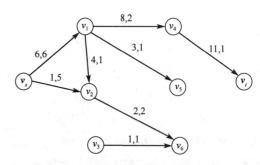

图 5-55 选取增广链 $v_sv_2v_5v_t$ 并进行增广

④此时所有的 (v_s,v_t) 路为 $v_sv_1v_4v_t$ 和 $v_sv_1v_5v_t$,并且两者的费用差均为 5,$v_sv_1v_4v_t$ 的费用和为 81,$v_sv_1v_5v_t$ 的费用和为 66,故选择 $v_sv_1v_5v_t$ 进行增广,增广的流量为 $\sigma_4 = \min\{9,6,3\}=3$,增广

后的图如图 5-56 所示。

⑤当前该网络图只剩下一条有向路径 $v_s v_1 v_4 v_t$ 对其增广,增广的流量为 $\sigma_5 = \min\{6,8,11\} = 6$,增广后的图如图 5-57 所示。

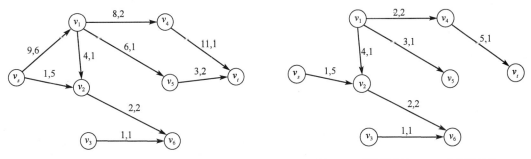

图 5-56 选取增广链 $v_s v_1 v_5 v_t$ 并进行增广   图 5-57 选取增广链 $v_s v_1 v_4 v_t$ 并进行增广

当前网络已经不存在 (v_s, v_t) 路了,所以不能对该网络进行增广,此时计算出最大流 $v(f) = \sum_{i=1}^{5} \sigma_i = 23$,最小费用为 $\omega = \sum_{(v_i, v_j) \in P} \omega_{ij} \cdot v(f) = 200$。

5.4 堵 塞 流

5.4.1 堵塞流理论

阻塞流的概念最早出现在最大流算法中,是用来求解网络最大流算法中的过渡值。后来很多学者陆续开始引用阻塞流的概念,阻塞流理论成为网络流规划中的一个新分支。

考虑一个交通拥挤的紧急疏散网络,如果没有统一的指挥,拥挤的车辆和慌乱的人群通常会发生盲目的无规则远动,于是在网络的某些弧段或节点处就会发生阻塞现象。阻塞发生时,交通个体已经无法继续向前移动,又不愿意或不能向回移动,此时网络中的流量已经不能再增加,即已达到饱和。然而,这个饱和流量值通常会小于网络的最大流值。

以如图 5-58 所示的流通网络图为例,图中每条弧旁的数字分别代表该弧的流量和容量。假设流量与容量均以人/h 为单位。设有 40 人/h 的流量从 S 点进入网络,若这些流量平均分配在弧 SA 和弧 SB 中,且两条弧中的人群分别沿着 $S\text{-}A\text{-}T$ 和 $S\text{-}B\text{-}T$ 两条线路流动到终点 t,则整个网络的总流量为 40 人/h,达到了该流通网络的最大流[图 5-58a)]。

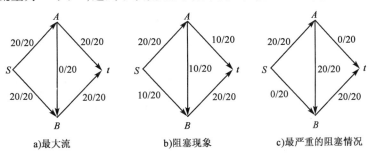

a)最大流   b)阻塞现象   c)最严重的阻塞情况

图 5-58 简单网络中的阻塞流动

但在实际流动过程中,由于缺乏统一引导和指挥,人群的流动往往不会像上述情形那样合理有序。考虑这样的情况:进入 SA 弧的 20 个人在 A 点开始进行分流,有 10 个人进入了 AB 弧,另外 10 个人则进入 At 弧。如果来自 AB 弧的 10 个人强行进入 Bt 弧,SB 弧就发生了阻塞现象,此时整个网络中的总流量只有 30 人/h[图 5-58b)]。

再考虑更极端的情况:进入 SA 弧的 20 人在 A 点全部进入了 AB 弧,流动到 B 点时全部又强行进入了 Bt 弧,此时整个网络中的总流量只有 20 人/h,这是该网络阻塞最严重的情况[图 5-58c)]。

上述三种情形中后两种情况的流量值均小于网络的最大流值。但这种流量值也是该网络的极流值。由于网络中某些弧段处于饱和状态,已经不可能再增加流量,整个网络的流动也就达到了饱和。在阻塞流理论中定义其为网络的饱和流,或称阻塞流、极值流。

具有最大流值的阻塞流就是经典网络流理论中的最大流。饱和流反映了网络的流通性能,饱和流越小,网络中弧的利用率就越低,网络的流通性能就越差。将具有最小流值的阻塞流定义为网络的最小流。最小流是网络阻塞最严重情况下的极流值,如图 5-58c)中,最小流值为 20。

最小流是衡量网络系统性能的重要指标,是研究运输网络的重要参数,在制定紧急疏散网络风险预警方案时,最小流也是必须要考虑的重要性能因素。

网络中不存在对于某可行流的增广路时,则称可行流为网络的饱和流。网络中的饱和流称为堵塞流,如果该饱和流的流量小于网络的入口流量,流量值最大的阻塞流称为最大堵塞流,流量值最小的阻塞流称为最小堵塞流。

最小流——最大堵塞截面定理:网络中的最小流等于网络中最大堵塞截面的截量。

设通过网络 $G(V,A,s,t)$ 的流量为 F,f_{ij} 是弧 $a_{ij}(a_{ij} \in A)$ 中的流量,c_{ij} 为其容量,则网络最小堵塞流问题可以写成下面的形式:

目标函数:$\mathrm{Min}F$;

约束条件:

(1)可行流条件:

$$f_{ij} \leqslant c_{ij}, \sum f_{ij} - \sum f_{ji} = \begin{cases} F & (i=s) \\ 0 & (i \neq s,t) \\ -F & (i=t) \end{cases}$$

(2)饱和流条件(堵塞流条件):在 $s \rightarrow t$ 的每一条正向路上至少有一条弧 $a_{\alpha\gamma}(a_{\alpha\gamma} \in A)$ 中的流量 $f_{\alpha\gamma} = c_{\alpha\gamma}$。

5.4.2 航路网络系统结构稳定性研究

航路网络系统可以看成是由各个航段形成的边和导航台(或报告点)形成的顶点组成的。飞机在航路的飞行可以看成空中交通流在航路网络的流动,飞机流的流动单元为飞机个体。

对于航路网络系统的结构稳定性,主要表现在随机交通流在网络流动的流畅性,也就是随机交通流在航路网络系统的流动会不会出现堵塞的现象。航路堵塞是指航路网络顶点处的堵塞现象,当航路堵塞发生时,在这些堵塞点及相应的弧内集聚过多的流量,使局部成为不可行流。这时航路网络的总通行能力(最大流量)变小,对于在原最大流量下安排的航班由于通行能力的下降,不得不在地面延迟起飞或在空中盘旋等待。

为了提高航路网络的利用率,各航路的实际交通流量应尽量接近航路的容量,即达到航路网络的最大流,若航路网络设计不合理,当上游流量需求大于下游容量时就会发生堵塞而达不到最大流,航路网络系统从结构上来讲即为不稳定。因此在航路网络规划和设计中,一方面要满足交通流量的要求,另一方面要尽量减少堵塞的发生,即提高航路网络系统的结构稳定性,航路网络最大流和航路网络系统结构稳定性是规划和设计航路网络时的两个重要参数。

航路网络系统的结构具有产生堵塞的条件时,堵塞现象就有可能发生,这时在航路网络系统中就产生了堵塞流动。网络顶点的容差是从网络结构上标志在该顶点发生堵塞的可能性。很显然,当 $\Phi_A \geq 0$ 时,说明顶点 A 从结构上不可能发生堵塞;$\Phi_A < 0$ 时,说明顶点 A 从结构上可能发生堵塞。具有负容差的顶点被称为结构堵塞点,由于航路是双向的,顶点 A 对于弧 (i,j) 是始点,但对于弧 (i,j) 同样也是终点。因此,从某个流动方向来说,当顶点 A 的容差大于零时,说明顶点 A 从结构上不可能发生堵塞,航路网络系统从结构上说是稳定的;但对于另外一个流动方向来说,顶点 A 的容差小于零,说明顶点 A 从结构上可能发生堵塞,航路网络系统从结构上说是不稳定的。

完全平衡网络是指除了始点和终点之外的其他所有顶点的容差均为零的规范化网络。在完全平衡网络中除了始点和终点之外的其他所有顶点的容差都等于零,网络的最大流 F_{max} 等于最小流 F_{min},在任何情况下都不会出现堵塞情况。因此,一个理想的航路网络系统,除考虑达到最大流这一指标外,最重要的一个原则是保证在网络中的每一个顶点进出弧的容量相等,或者说要保证这些点的容差为零,这样才能保证该网络在任何情况下(包括紧急疏散情况)都能畅通无阻,在该航路网络系统中的交通的稳定性才能得到保障。

航路网络系统结构稳定程度的判断准则是航路网络的最大流等于最小流。由于在以往的航路网络设计中,往往只重视网络最大流,而不管最小流,导致设计好的航路网络在实际运行中却达不到最大流量的要求。因此,必须对航路网络系统结构稳定的程度有一个度量。可采用航路网络的最小流 F_{min} 与最大流 F_{max} 的值来衡量航路网络系统结构的稳定程度,即

$$\eta = \frac{F_{min}}{F_{max}} \times 100\%$$

若 η 越趋近于 1,则最小流越接近于最大流,航路网络各个顶点的容差越趋近于零,此时航路网络系统从结构上说越稳定;相反,若 η 的值较小,则航路网络系统从结构上说稳定性较差。

考虑典型的由起飞机场 v_A 飞往目的机场 v_B 和 v_C 的三机场航路网络,v_B 和 v_C 可分别作为 v_B 或 v_C 的备降机场,其航路网络结构如图 5-59 所示,弧上的数字表示 (f_{ij}, c_{ij}),其中 f_{ij} 表示由节点 i 到节点 j 的流量,c_{ij} 表示由节点 i 到节点 j 的容量。

图 5-59 所示的航路网络由一个始点和两个终点组成,但可虚拟出一个机场 v_D,机场 v_B 和 v_C 的流量通过无容量限制的弧(虚线段)汇聚到虚拟终点 v_D,这样就变成了一个只有一个始点和终点的航路网络。

求得最大流 F_{max} 为 14(图 5-60),求得最小流 F_{min} 为 8(图 5-61)。

航路网络系统结构的稳定程度为:

$$\eta = \frac{F_{min}}{F_{max}} \times 100\% = \frac{8}{14} \times 100\% = 57.14\%$$

对于稳定程度仅为 57.14% 的航路网络系统不能满足空中交通流的需求,需对航路网络

进行调整,以提高航路网络系统的稳定性。

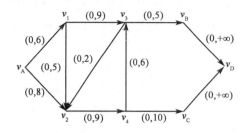

图 5-59　典型的航路网络结构图

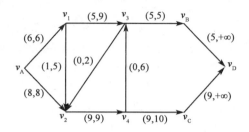

图 5-60　网络最大流示意图

1)增大堵塞航路的容量

从图 3 中知堵塞的航路为 v_2v_4,v_4v_3 和 v_3v_B,在此对 v_3v_B 进行扩容,增加 2 个单位流量。求得扩容后的最小流 $F^1_{\min}$ 为 10(图 5-62),此时的航路网络系统结构的稳定程度为 $10/14 \times 100\% = 71.43\%$。从图 5-62 中知,$v_2v_4$,$v_4v_3$ 和 v_3v_B 仍为堵塞航路,可对其再次扩容,增大网络最小流,提高系统的稳定性。

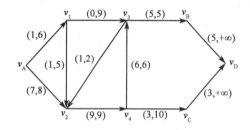

图 5-61　网络最小流示意图

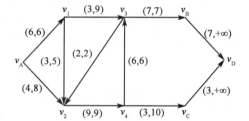

图 5-62　v_3v_B 扩容后的网络最小流示意图

2)防止堵塞控制

图 5-61 中堵塞的航路为 v_2v_4,v_4v_3 和 v_3v_B,v_4v_3 为反向弧,因此关闭 v_4v_3。求得扩容后的最小流 $F^1_{\min}$ 为 9(图 5-63),此时的航路网络系统结构的稳定程度为 $9/14 \times 100\% = 64.29\%$。从图 5-63 中知,$v_1v_2$ 和 v_3v_2 为反向弧,可再关闭它们,增大网络最小流。

3)改善堵塞控制

关闭 v_4v_3 后最大流不变。如图 5-63 所示,可继续关闭反向流 v_1v_2,最大流仍为 14,而最小流增大为 13(图 5-64)。此时的航路网络系统结构的稳定程度为 $13/14 \times 100\% = 92.86\%$。

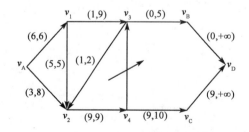

图 5-63　关闭 v_4v_3 后的网络最小流示意图

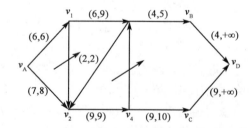

图 5-64　关闭 $v_1v_2v_4v_3$ 后的网络最小流示意图

在高峰时段,空中交通流对航路需求较大,为了实现全局的最优化,实施空中交通流量管理造成的空中等待是很难避免的。尤其在某些预定的航路关闭时,预定在该航路飞行的航班需改航,这势必造成其他航路拥挤,由此也会造成不必要的空中等待。因此航路网络系统需提供结构上的冗余,如 v_1v_2、v_4v_3。在正常情况下关闭这两条航路,在高峰时段开启这两条航路作为吸收区域,吸收一部分航班在这两条航路等待,以降低对其他航路的流量需求。在目的地机场关闭时,可以作为备降航线,以消除对其他航线上预定航班的影响。

5.4.3 随机流动网络的防阻塞优化设计模型

随机流动网络中各弧的容量是确定的,流动单元的流动方向是随机的,即流动单位可以选择从源点到汇点的任意一条正向增广路径前进,且各弧中的流量只能增加,不能减少。例如公共交通网络中发生突发事件,人们需要在一定时间内紧急疏散到出口,此时人群的移动往往不遵守规则,即网络中的流动是不受控制的。

流网络 $G=(s,t,V,E,X,C)$ 中,$s,t\in V$ 分别是网络的源点和汇点;有向网络 (V,E) 中 V 是点集,E 是弧集;X,C 分别是各弧的流量和容量集合。满足下列条件的流网络 G 称为随机流动网络:

(1)网络中的各弧容量是不变的正整数值;

(2)网络中各弧的流量只能增加,不能减少;

(3)网络中的流量是可行流。

在随机流动网络 G 中,设 P 为从 s 到 t 的正向增广路径的集合。随机流动网络中流动单元不受其他流动单元流动的影响,任意选择一条从 s 到 t 的正向增广路径流动。网络中各弧流量分布为 $X=(x_1,x_2,\cdots,x_n)$,x_i 是弧 e_i 上的流量,若网络中从 s 到 t 的每条正向增广路径中均至少有一条饱和弧,即 $P=\Phi$,此时网络不能再沿着正向增广路径增加流量,处于饱和状态,从源点到汇点的饱和流值为 $V(X)$。

实际的流通网络,尤其是紧急疏散网络中,流动单元在网络的任一交叉路口(网络中的节点)方向选择是随机的。假设网络中流动均是个体流动,且网络中各弧流量均是整数值,建立从源点到汇点的随机饱和流模型。

随机饱和流 F 满足以下约束条件:

可行流条件:

$$\sum_{j=1}^{n} x_{ij} - \sum_{i=1}^{n} x_{ji} = \begin{cases} F & i=s \\ 0 & i\neq s,t \\ -F & i=t \end{cases} \quad (0\leq x_{ij}\leq c_{ij})$$

饱和流条件:

P_i 中至少有一条饱和弧,$P_i\in P$。

式中 F 是网络的极值流,由于每次选取的正向增广路径不一定相同,所以饱和流条件并非是固定的一组,所以模型中求出的极值流 F 也不是单一解,而是一组数值,称之为从 s 到 t 的饱和流。以图 5-65 中的简单网络为例,图中各弧的容量均为3,设网络初始流为零流。

图 5-65 所示的网络中,从 s 到 t 的正向增广路共有 3 条:$P_1=\{s,v_1,t\}$,$P_2=\{s,v_2,t\}$ 和 $P_3=\{s,v_1,v_2,t\}$。网络处于不同饱和状态时的饱和流值、路径中的流量分布及饱和弧见表5-6。

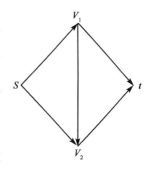

图 5-65 简单网络图

表 5-6

图 5-65 中网络的饱和流值、流量分布及饱和弧

饱 和 流	沿路径 P_i 的流量分布			饱 和 弧
	$f(P_1)$	$f(P_2)$	$f(P_3)$	
6	3	3	0	$e_{sv_1}, e_{v_1t}, e_{sv_2}, e_{v_2t}$
5	2	2	1	e_{sv_1}, e_{v_2t}
4	1	1	2	e_{sv_1}, e_{v_2t}
3	0	0	3	$e_{sv_1}, e_{v_1v_2}, e_{v_2t}$

在交通网络设计中,既要满足交通流量的要求,又要尽可能减少阻塞的发生,因此在设计时要特别关注网络最大流和最小流两个重要参数。在传统的设计中往往只重视最大流而忽略最小流,因而使得设计好的网络在实际运行中不能满足最大流量的要求。

考虑一个随机流动网络 $N = (V, A, s, t)$,s、t 分别为源点和汇点,V 是点集,A 是弧集。网络中的初始设计为:

(1)已知网络中各弧的原设计容量和最大、最小允许容量限制;

(2)给定网络的入流要求;

(3)已知网络中每条弧单位容量的建设费用。

对随机流动网络进入优化设计的目的是使网络从结构上避免阻塞的可能性。具体做法是在允许的范围内对原设计容量参数进行修改,使得除源点和汇点外各节点的容差都不小于零。本模型讨论的是对原设计方案的优化,增加或减少容量都是相对于原设计方案的变化量,可以认为各弧上增加或减少单位容量的费用相同,弧 e_{ij} 上增加或减少单位容量所需的费用设为 $b(e_{ij})$,优化目标为改造费用最小。

目标函数为:

$$\min\left\{ \sum \left[b(e_{ij}) \cdot \Delta c(e_{ij}) \mid e_{ij} \in E \right] \right\}$$

其中,$\Delta c(e_{ij})$ 为弧 e_{ij} 上的容量增加值。

约束条件为:

(1)对负容差点

$$\widetilde{\boldsymbol{\Phi}} V_i = \sum_j \{ \Delta c(e_{ij}) \mid e_{ij} \in E \} - \sum_j \{ \Delta c(e_{ji}) \mid e_{ji} \in E \} + \boldsymbol{\Phi} v_i = 0 \qquad \forall v_i \in V$$

(2)对非负容差点

$$-\boldsymbol{\Phi}_{v_i} \leqslant \sum_j \{ \Delta c(e_{ij}) \mid e_{ij} \in E \} - \sum_j \{ \Delta c(e_{ji}) \mid e_{ji} \in E \} \leqslant 0 \qquad \forall v_i \in V$$

(3)网络入流的限定

$$\sum_j \tilde{c}(e_{ij}) = F \qquad \forall v_i \in V$$

(4)网络中各弧流量及容量限制

$$x(e_{ij}) \leqslant \tilde{c}(e_{ij}) \qquad \forall e_{ij} \in E$$

$$mc_2(e_{ij}) \leqslant \tilde{c}(e_{ij}) \leqslant mc_1(e_{ij}) \qquad \forall e_{ij} \in E$$

式中:$mc_1(e_{ij})$、$mc_2(e_{ij})$——弧 e_{ij} 的最大、最小容量限制。

如图 5-66 所示,设该图为一动员物流系统的交通网络图,6 个顶点代表 6 个城市。每条弧上的 4 个参数为:$x(e_i)/c(e_i)$,$mc_1(e_i)$,$b(e_i)$。$c(e_i)$ 表示弧 e_i 的原设计容量;令各弧的 mc_2

(e_i) 均为 2；$b(e_i)$ 表示弧 e_i 改变单位容量所需要的费用，各节点旁的数字表示该节点的容差。假定网络入流要求 $F = 15$。

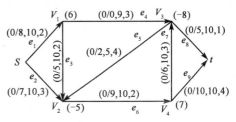

图 5-66 网络防阻塞优化设计算例

防阻塞的优化设计模型建立如下：

目标函数：

$$\min\left\{ \sum\left[b(e_i) \cdot \Delta c(e_i) \mid e_i \in E \right] \right\}$$

约束条件：

$$-6 \leqslant \Delta c(e_3) + \Delta c(e_4) - \Delta c(e_1) \leqslant 0 \quad (5\text{-}1)$$

$$-7 \leqslant \Delta c(e_7) + \Delta c(e_9) - \Delta c(e_6) \leqslant 0 \tag{5-2}$$

$$\Delta c(e_6) - \Delta c(e_2) - \Delta c(e_3) - \Delta c(e_5) = 0 \tag{5-3}$$

$$\Delta c(e_5) + \Delta c(e_8) - \Delta c(e_4) - \Delta c(e_7) = 0 \tag{5-4}$$

$$\tilde{c}(e_1) + \tilde{c}(e_2) = 15 \tag{5-5}$$

$$mc_2(e_i) \leqslant \Delta c(e_i) + c(e_i) \leqslant mc_1(e_i) \qquad \forall\, e_{ij} \in E$$

约束条件中式（5-1）和式（5-2）分别针对 v_1 和 v_4 这两个具有正容差的顶点；式（5-3）和式（5-4）则是分别针对 v_2 和 v_3 这两个具有负容差的顶点；式（5-5）中 e_1 和 e_2 是入弧，15 是算例中规定的网络入流。令 $\Delta c(e_i) = x_i$，则上述目标函数和约束条件采用矩阵形式描述如下：

目标函数：$\min(AX)$；

约束条件：$C \leqslant BX \leqslant D$；

其中，$A = [2,3,2,3,4,2,3,1,4]$

$X = [x_1, x_2, x_3, x_4, x_5, x_6, x_7, x_8, x_9]^{\mathrm{T}}$

$$B = \begin{bmatrix}
-1 & 0 & 1 & 1 & 0 & 0 & 0 & 0 & 0 \\
0 & 0 & 0 & 0 & 0 & -1 & 1 & 0 & 1 \\
0 & -1 & -1 & 0 & -1 & 1 & 0 & 0 & 0 \\
0 & 0 & 0 & -1 & 1 & 0 & -1 & 1 & 0 \\
1 & 1 & 0 & 0 & 0 & 0 & 0 & 0 & 0 \\
1 & 0 & 0 & 0 & 0 & 0 & 0 & 0 & 0 \\
0 & 1 & 0 & 0 & 0 & 0 & 0 & 0 & 0 \\
0 & 0 & 1 & 0 & 0 & 0 & 0 & 0 & 0 \\
0 & 0 & 0 & 1 & 0 & 0 & 0 & 0 & 0 \\
0 & 0 & 0 & 0 & 1 & 0 & 0 & 0 & 0 \\
0 & 0 & 0 & 0 & 0 & 1 & 0 & 0 & 0 \\
0 & 0 & 0 & 0 & 0 & 0 & 1 & 0 & 0 \\
0 & 0 & 0 & 0 & 0 & 0 & 0 & 1 & 0 \\
0 & 0 & 0 & 0 & 0 & 0 & 0 & 0 & 1
\end{bmatrix}$$

$$C = \begin{bmatrix} 6,7,5,8,0,6,5,3,7,0,7,4,3,8 \end{bmatrix}^{\mathrm{T}}$$
$$D = \begin{bmatrix} 0,0,5,8,0,2,3,5,0,3,1,4,5,0 \end{bmatrix}^{\mathrm{T}}$$

编程计算,求得目标值为 -32 ,即对网络进行设计后比原设计节省 32 个单位的建设费用。原始设计和优化设计的相关参数比较见表 5-7。

网络图 **5-66** 的原设计与优化设计参数比较   表 5-7

	弧容量分布	网络最大流	最小饱和流	建设费用
原设计	$[8,7,5,9,2,9,6,5,10]$	14	9	163
优化设计	$[10,5,2,8,2,9,2,8,7]$	15	15	131

算例中,以相对于原始设计方案最少的费用对网络进行优化设计,优化后网络已没有顶点存在负容差,此时网络的最大流等于最小饱和流。由于网络的结构阻塞点已不存在,网络不会再发生阻塞。

5.4.4 交通网络防阻塞优化改造模型

现实生活中,当交通网络经常发生阻塞时,往往会产生加宽道路进行改造的想法。然而需要特别注意的是,网络中增加新弧或增加弧容量,网络通行能力不一定得到改善,有时还会使网络阻塞的可能性增加。

如图 5-67 中的初始网络,设各弧容量均为 10,则 s 到 t 的最小饱和流和最大流均为 20,显然此时网络不会发生阻塞。在节点 v_1 和 v_2 之间增加弧后的网络如图 5-68 所示,设新增加弧 v_1 v_2 的容量是 $\delta(0 \leqslant \delta \leqslant 10)$,则此时网络的最小饱和流为 $(20-\delta)$ 。

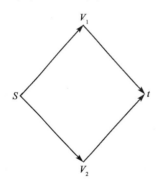

图 5-67 初始网络

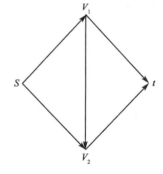

图 5-68 增加弧后的网络

认真研究和计算可以发现,在图 5-68 中随着 δ 的增加,最小饱和流却在减小;当 $\delta > 10$ 时,最小饱和流值稳定为 10。针对这种矛盾现象,需要对网络中各弧容量改变时的最小饱和流进行灵敏度分析,找到容量增加反而会造成网络最小饱和流减小的弧段。在图 5-67 中,节点 v_1 和 v_2 的出弧和入弧容量均为 10,此时出弧中的容量限制对入弧中所有流量的流动都没有影响,网络不会发生阻塞;在图 5-68 中,节点 v_2 的出弧容量为 10,若 $\delta = 10$,则该节点入弧总容量为 20,比出弧总容量多了 10 个单位,超出部分无法流向出弧,于是在节点 v_2 处发生阻塞可以被发现,结构阻塞点的出弧均是饱和弧,而入弧并非都是饱和弧。

基于上述分析,对一个实际的交通网络来说,在特定场合下,关闭某些弧段可以提高网络的最小饱和流,改善网络的阻塞情况。

在交通网络设计过程中,既要满足交通流量的要求,又要尽量减少阻塞的发生。因此网络最大流和网络最小饱和流成为交通网络设计的重要参数。过去对交通网络进行设计时由于只重视提高网络最大流而忽略了最小饱和流,使得设计好的交通网络在实际运行中经常不能达到最大流量的要求,交通网络的利用率大大降低。对交通网络进行防阻塞改造,以增加最小饱和流成为迫切需要解决的现实问题。由于不同的路段在工程量大小、拆迁的安置等方面存在较大差异,采用不同的改造方案其改造费用也不同,如何用最低费用达到预期效果是一个优化问题。

流通网络防阻塞优化设计模型中,目标是以最少费用对原设计的弧容量进行改造,将各中间交通点容差调整为零,使网络成为完全平衡网络。要构建的模型目标是对实际已经存在的交通网络进行防阻塞改造,尽可能消除或尽量减少结构阻塞点,使改造后的交通网络尽量达到完全平衡。需要注意的是,由于对已有弧的容量改造只能扩充、不能缩小,因此不能保证完全消除结构阻塞点,这是与优化设计模型的重要区别。

现有交通网络实施改造的已知条件为:

(1)每条路段(指一个弧长)扩大单位容量的费用 b_i;

(2)每条路段的最大容量限制 mc_{ij};

(3)每条路段只能扩大,不能缩小,即 $\Delta c_{ij} \geq 0$。

假设给定每条弧的四个参数为 $[x_{ij}, c_{ij}, mc_{ij}, b_{ij}]$,其中,$x_{ij}$ 为弧中的当前流量;c_{ij} 为该弧的原容量;mc_{ij} 为该弧的最大容量;b_{ij} 为扩大该弧单位容量的费用(当 $x_{ij} < c_{ij}, b_{ij} = 0$)。

已有交通网络防阻塞改造问题转化为如何以最少的费用来增加各弧的容量。在各弧最大容量限制条件下使负容差点的容差尽可能增加,允许正容差点容差减少,但不能小于零。由于负容差增大,改造后的网络在结构上发生阻塞的可能性减少。

设每条弧上的容量增加值为:

$$\Delta c(e_{ij}) = \tilde{c}(e_{ij}) - c(e_{ij})$$

目标函数:

$$\min\left\{ \sum \left[b(e_{ij}) \cdot \Delta c(e_{ij}) \mid \Delta c(e_{ij}) > 0, e_{ij} \in E \right] \right\}$$

其中,$b(e_{ij})$ 是对弧 e_{ij} 增加单位容量所需的费用,$\tilde{c}$ 表示改造后弧的容量。

约束条件:

(1)对负容差点:

$$\sum_j \{\Delta c(e_{ij}) \mid e_{ij} \in E\} - \sum_j \{\Delta c(e_{ji}) \mid e_{ji} \in E\} \geq 0$$

(2)对非负容差点:

$$-\phi_{vi} \leq \sum_j \{\Delta c(e_{ij}) \mid e_{ij} \in E\} - \sum_j \{\Delta c(e_{ji}) \mid e_{ji} \in E\} \leq 0 \qquad \forall\, v_i \in V$$

(3)网络中各弧流量及容量限制:

$$x(e) \leq \tilde{c}(e) \qquad\qquad \forall\, e \in E$$

$$0 \leq \tilde{c}(e) \leq mc(e) \qquad\qquad \forall\, e \in E$$

给定网络的入流要求为 F;$mc(e)$ 是弧 e 的最大容量限制。

仍然采用图 5-66 所示的网络图。图中箭线上方的数字代表 $(x_{ij}/c_{ij}, mc_{ij}, b_{ij})$,各节点旁数字表示该节点的容差。节点 v_2, v_3 是负容差点,节点 v_1, v_4 是正容差点。网络改造前最大流 $F=$

14,最小饱和流 $v=9$。改造过程中花最少的费用使网络的最小饱和流尽可能增加,建立优化改造模型如下。

目标函数:

$$\min\left\{\sum\left[b(e_i)\cdot\Delta c(e_i)\mid\forall\,e_i\in E\right]\right\}$$

约束条件:

$$-6\leqslant\Delta c(e_3)+\Delta c(e_4)-\Delta c(e_1)\leqslant 0 \tag{5-6}$$

$$-7\leqslant\Delta c(e_7)+\Delta c(e_9)-\Delta c(e_6)\leqslant 0 \tag{5-7}$$

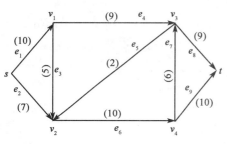

图5-69 优化改造后的网络图

$$\Delta c(e_6)-\Delta c(e_2)-\Delta c(e_3)-\Delta c(e_5)\geqslant 0 \tag{5-8}$$

$$\Delta c(e_5)+\Delta c(e_8)-\Delta c(e_4)-\Delta c(e_7)\geqslant 0 \tag{5-9}$$

$$\tilde{c}(e_1)+\tilde{c}(e_2)=15 \tag{5-10}$$

$$mc_2(e_i)\leqslant\Delta c(e_i)+c(e_i)\leqslant mc_1(e_i)\qquad\forall\,e_i\in E$$

进行编程计算,求得目标值为 10。优化改造后的网络图如图 5-69 所示,网络改造前后的弧容量及饱和弧的比较如表 5-8 所示。

网络改造前后的弧容量及饱和流比较　　　　　　　　　　表5-8

	改造前的网络	改造后的网络
各弧容量分布	$[8,7,5,9,2,9,6,5,10]$	$[10,7,5,9,2,10,6,9,10]$
网络最大流	14	17
网络最小饱和流	9	13
最小改造费用	—	10

交通网络防阻塞优化改造模型(以下简称优化改造模型)与防阻塞优化设计模型(以下简称优化设计模型)有本质的区别。

优化设计模型中,要对原设计的容量参数进行改变,目标是使除源点和汇点外各节点的容差都不小于零,从而使网络在结构上避免阻塞的发生,算例结果也显示,优化后,原网络图中具有负容差的顶点 v_2,v_3 的容差都已经变为 0,网络的最大流和最小饱和流相等,网络是一个完全平衡的网络。

而在优化改造模型中,优化目标则是尽可能消除或减少结构阻塞点。从图 5-69 可以看出,改造后,顶点 v_2 的容差为 -4(改造前为 -5),顶点 v_3 的容差为 -4(改造前为 -8)。也就是说,经过改造后,这两个顶点仍然具有负容差,仍然是网络的结构阻塞点,网络还有可能发生阻塞,只是与改造前相比,发生阻塞的可能性变小了。重要的是,经过改造,网络的最大流和最小饱和流都得到了提升,网络性能得到有效改善。

因此,优化设计模型适用于交通网络的设计阶段,而优化改造模型则适用于对已建成的交通网络进行改造。优化改造模型的适用场合更多一些,通过只增加弧容量的优化改造,防止或减少阻塞的发生,更符合实际交通网络改造的现实情况。

5.5 最短时间流

5.5.1 问题的提出

当自然灾害(水灾、火灾、地震、特殊疫情等)发生时,对赈灾物资和药品的需求十分紧迫,对运送时间的要求非常严格。在现实生活中,管道网络系统、军事后勤系统、交通运输系统、特殊危险品运输系统、城市供水系统、信息传输网络系统等物理系统,对于时间的要求也非常严格。故网络系统的最短时间流这一复杂问题的研究,极具应用价值和实际意义。

譬如,当某地发生灾情时,急需赈灾物资以保障灾区群众的生存条件。在这里假设供应于灾区的交通网络为已知,物资运输车辆要经过网络中不同的路线,由于各种主客观原因,每段弧的通过时间均不同,时间紧迫,决策者如何制订流量分配决策方案,使物资在最短时间内送达灾区?

最短时间流网络模型问题的一般提法:设 $N = (V, A, C, T)$ 是一个带发点 v_r 和收点 v_i 的容量—时间网络系统。其中 $A = \{(v_i, v_j)/v_i, v_j \in V\}$ 为弧集,代表各顶点之间的道路,(v_i, v_j) 弧存在表示从顶点 v_i 到顶点 v_j 的单向道路;$C = \{c_{ij}/(v_i, v_j) \in A\}$,其中 c_{ij} 表示弧(v_i, v_j) 的容量,它等于相应的一段道路所能承运货物的最大荷载;$T = \{t_{ij}/(v_i, v_j) \in A\}$,这里 t_{ij} 表示流 $f_{ij} = (0 \leqslant f_{ij} \leqslant c_{ij})$ 经过弧(v_i, v_j) 所需时间,因各段道路条件不同,各弧(v_i, v_j) 的通过时间 t_{ij} 不同,它的计算方法是以各弧段长度和运动主体的正常通行速度为参照量所求得的时间;Q_0 为这批物资的总质量,这样即构成了一个容量—时间网络,记为 $N = (V, A, C, T)$,怎样制订物流决策方案,使得从 v_r 到 v_i 恰好运送流量值 Q_0 的物资,且总运送时间最短。

此问题转化为网络优化模型:在带发点 v_r 和收点 v_i 的网络系统中寻找一个流值为 Q_0 的可行流 $f = \{f_{ij}/(v_i, v_j) \in A\}$ [其中 f_{ij} 表示经过弧$(v_i, v_j) \in A$ 的流量],使得流 f 通过网络所用时间最短,即求解 $\min_{T_{st}} \max_{f_i} \{\sum_{(v_i, v_j) \in P} t_{ij} \mid P$ 为 f 正向路$\}$,其中 $T_{st} = \{t_{st}\}$,$P = \{P_i/i = 1, 2, \cdots, n\}$。此问题称为网络系统的最短时间流问题。

在某一给定流量分布中,即物资同时在几条路径上运输时,所用的总时间并不是各条路径所用时间之和,而是其中所需时间最长路径上的时间,它表达了主体所能达到的时间长度。因此进行如下定义:

在给定的交通网络系统中,同一流量 f 可能存在不同的流量分布。不同的流量分布对应不同的最长时间路径。在固定流量配流情况下,所有可能分布的时间流中,取所有不同配流方案中最短的时间即为最短时间。

5.5.2 静态时间流数学规划模型

静态时间流问题是表达网络系统中弧(v_i, v_j) 的通过时间不受流量的影响,在各弧容量允许范围内配流,时间不变,如当弧(v_i, v_j) 达到饱和状态时,就不再进行配流。

其数学规划模型为:

目标函数:$\min_{T_{st}} \max_{P} \{\sum_{(v_i, v_j) \in P} t_{ij}$ 为正向路$\}$

约束条件：

$$0 \leqslant f_{ij} \leqslant c_{ij}, \sum f_{ij} - \sum f_{ji} = \begin{cases} Q_0 & (i = s) \\ 0 & (i \neq s,t) \\ -Q_0 & (i = t) \end{cases}$$

为了更好地寻找问题的解，首先对交通网络作如下假设：

（1）对任何的一对顶点(v_i,v_j)，交通网络中均为有向弧；

（2）每个流在发点的出发时间为零；

（3）流在网络的各顶点处的等待时间均为零。

给出网络 N 的关于流 f 的增量网络概念。

对于给定的带发点 v_r 和收点 v_t 的网络 $N = (V,A,C,T)$ 及 N 上的可行流 f，定义：

$$A^+(f) = \{(v_i,v_j)/(v_i,v_j) \in A \quad f_{ij} < c_{ij}\}$$
$$A^-(f) = \{(v_i,v_j)/(v_j,v_i) \in A \quad f_{ji} > 0\}$$

因为 D 中任何一对顶点之间至多有一条弧，所以 $A^+(f) \cap A^-(f) = \Phi$，记 $A(f) = A^+(f) \cup A^-(f)$。

并且 $\forall (v_i,v_j) \in A(f)$，令：

$$c_{ij}(f) = \begin{cases} c_{ij} - f_{ij} & (v_i,v_j) \in A^+(f) \\ f_{ji} & (v_i,v_j) \in A^-(f) \end{cases}$$

$$t_{ij}(f) = \begin{cases} t_{ij} & (v_i,v_j) \in A^+(f) \\ -t_{ji} & (v_i,v_j) \in A^-(f) \end{cases}$$

于是，得到网络 N 的关于流 f 的增量网络：

$$N(f) = [V,A(f),C_f,T_f]$$

类似求解最小费用流的赋权图算法，得到最短时间流算法的基本思想是：从零流量开始，在始点到终点的所有可能增加流量的增广路中寻求总时间最短的路，首先在这条路上增加流量，得到流量为 f_1 的最短时间流。再对 f_1 寻求所有可能增加流量的增广路，并在其中总时间最小的增广路上继续增加流量，得到流量为 f_2 的最短时间流。依次类推，重复以上步骤，直到网络中不再存在增广路，不能再增加流量为止。依此步骤所得到的最大流即为最短时间最大流。

与最小费用流算法最重要的不同点是时间的计算方法，因为费用的计算和时间的计算方法是完全不同的，这是在算法设计中要解决的主要问题。

根据上述最短时间算法思路，可以得到网络系统的静态最短时间流问题的算法步骤，具体如下：

步骤1：在网络 N 中把各弧设为零流量，寻找最短时间路，进行尽可能大的增加流值；

步骤2：如果 $f = Q_0$，结束。f 为 N 中流值 Q_0 的最短时间最大流；否则转步骤3；

步骤3：构造可增容效网络 $N(f)$。如果 $N(f)$ 中不存在 (v_r,v_t) 路，则 N 中没有流值为 Q_0 的可行流，停止；否则，在 $N(f)$ 找一条最短时间路 p_i。

在这里值得注意的是：当可增容效网络中存在负时间时，含有负时间路线的总时间不是各分段路线时间的代数和,而是该路线增加流量后形成的流量分布中,由 $s-t$ 时间最长的路所决定的时间。

步骤4:令 $\Delta f = \min\{C(P_i), Q_0 - f\}$,对 f 沿最短时间路 P_i 增效流值 Δf,得到新流 f,转步骤2。

图5-70中,从 v_r 运送物资到 v_t,问如何决策,使物资以最短时间运送?

t_{ij}, f_{ij}, c_{ij} 分别表示弧 (v_i, v_j) 的通过时间、流量、容量。

第一次选取最短时间路 $V_r \to V_2 \to V_4 \to V_3 \to V_t$, $T_1 = 4$,可增加的流量 $\Delta f = 1$,见图5-71。

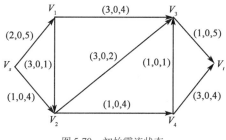

图5-70　初始零流状态

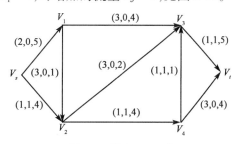

图5-71　增流 $\Delta f = 1$ 后

第二次选取最短时间路 $V_r \to V_2 \to V_4 \to V_t$, $T_2 = 5$,可增加的流量 $\Delta f = 3$,见图5-72。

第三次选取最短时间路 $V_r \to V_1 \to V_3 \to V_t$, $T_3 = 6$,可增加的流量 $\Delta f = 4$,见图5-73。

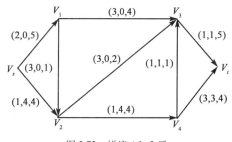

图5-72　增流 $\Delta f = 3$ 后

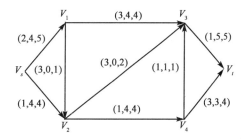

图5-73　增流 $\Delta f = 4$ 后

在此时,弧 $V_3 \to V_4$ 由于各交通主体以最短时间选择路径造成交通网络堵塞,如继续增加交通流量,要强行采取措施,使 $V_3 \to V_4$ 上的流量退到 $V_4 \to V_t$。故第四次选取唯一可以增加流量的最短时间路: $V_r \to V_1 \to V_2 \to V_3 \to V_4 \to V_t$,可增加的流量 $\Delta f = 1$。

注:由于考虑了可增容效网络,此时得到的 $T_3 = 2 + 3 + 3 - 1 + 3 = 10$,仅作为一个计算标准,这个时间不是网络优化的最短时间。

第四次增流后的最优网络,如图5-74所示。

此时得到交通网络的最短时间优化配流, $Q_0 = 9$, $T = 9$。

当得到最短时间流的优化网络时,最大流量所需要的最短时间为所有起点到终点中的最长时间,因为在网络中所有的物资是同时运输的,这个时间可以保证所有的物资运送完毕。

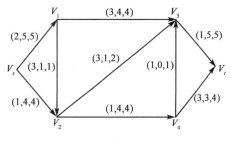

图5-74　增流 $\Delta f = 1$ 后

做出静态堵塞的流量—最短时间图(图5-75),通过图中可以看出,当流量在某一范围内变化时,即物资需求为有限值时,其网络的运行时间是确定的,但超过此范围时,时间将发生变化。

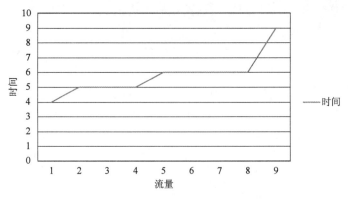

图 5-75　静态堵塞的流量—最短时间图

5.5.3　在动态堵塞情况下的时间流问题

在实际的交通流中,通过每一段路的时间是和该路段内的流量有关的。当车流量从 0 开始增加,交通处于正常状态,道路的交通量均小于通行能力,当交通量远远小于通行能力时,车流为自由流状态,车速高,驾驶自由度大并不会受到外界因素影响;随着交通量的增加,车流的运行状态会逐渐恶化,车速开始受到影响,通过该路段的时间会增加;此后随着车流量的继续增加,当交通量接近通行能力时,车速所受影响越来越大,通过该道路的时间也越长,车流为强制流状态,出现车流拥挤,最后导致交通网络堵塞状态。这就是说,交通流通过每一路段的时间是该路段内流量的函数。

构造动态时间函数为 $T_{ij} = T_{ij}^0 \left[1 + \theta \left(\dfrac{f_{ij}}{c_{ij}} \right) \right]$,$T_{ij}^0$ 为各弧在通行正常无拥塞情形下的时间值,$\dfrac{f_{ij}}{c_{ij}}$ 为堵塞系数,是对交通网络各弧上堵塞程度的衡量,这里 $0 \leqslant \dfrac{f_{ij}}{c_{ij}} \leqslant 1$。当 $\dfrac{f_{ij}}{c_{ij}} = 0$ 时,说明通行情况最好,无交通拥塞;当 $\dfrac{f_{ij}}{c_{ij}} = 1$ 时,表明堵塞最严重,时间会在原来基础上延迟。在这里,每条弧的通过时间都与交通网络堵塞程度有关。

结合以上对动态堵塞时间流的分析,建立如下数学优化模型:

目标函数:

$$\min_{T_{st}} \max_{P} \left\{ \sum_{(v_i, v_j) \in P} T_{ij} = \sum_{(v_i, v_j) \in P} T_{ij}^0 \left[1 + \theta \left(\frac{f_{ij}}{c_{ij}} \right) \right] \mid P_i \ \text{为正向路} \right\}$$

约束条件:

(1)容量约束:$0 \leqslant f_{ij} \leqslant c_{ij}$。

(2)守恒条件:$\sum f_{ij} - \sum f_{ji} = \begin{cases} Q_0 & (i = s) \\ 0 & (i \neq s, t) \\ -Q_0 & (i = t) \end{cases}$。

为方便计算,取 $\theta = 1$,物理意义表示为:当 $\dfrac{f_{ij}}{c_{ij}} = 1$ 时,表明堵塞情况最严重时,时间会延迟为该弧没有发生堵塞时正常通行时间的 2 倍。

考虑堵塞程度对时间的延迟影响,在每次增流时都只能增加一个单位的流量,然后重新进行最短时间路径的选择。根据最短时间流算法,得到网络系统的动态堵塞最短时间流问题的算法,步骤如下:

步骤1:在网络 N 中把各弧设为零流量,各弧的通过时间为正常值。寻找最短时间路,流值 f 增加一个单位;

步骤2:如果 $f = Q_0$,并且时间最短,结束。f 为 N 中流值 Q_0 的最短时间最大流;否则转步骤3;

步骤3:构造可增容效网络 $N(f)$。计算每段弧的动态通过时间。如果 $N(f)$ 中不存在 (v_r, v_t) 路,则 N 中没有流值为 Q_0 的可行流,停止;否则,在 $N(f)$ 找一条最短时间路 P。

注意:在进行时间计算中要注意,每一条可能的增广路时间是该路段增加单位流量后的动态时间。

步骤4:对 f 沿最短时间路 P 增加流值1个单位,得到新流 f,转步骤2。

图5-76 中从 v_r 运送物资到 v_t,问如何做决策,使物资以最短时间运送?(t_{ij}, f_{ij}, c_{ij}) 分别表示弧 (v_i, v_j) 的通过时间、流量、容量。

第一次选取最短时间路径,路径 $1: V_r \to V_1 \to V_3 \to V_t$,增流 $\Delta f = 1$ 后的总时间:$1.33 + 1.33 + 4 = 6.66$;路径 $2: V_r \to V_2 \to V_4 \to V_t$,增流 $\Delta f = 1$ 后的总时间:$1.5 + 1.5 + 4.5 = 7.5$。所以选取路径 $1: V_r \to V_1 \to V_3 \to V_t$ 进行增流,此时 $\Delta f = 1$,最短时间为 $T_{min} = 6.66$。得到图5-77。

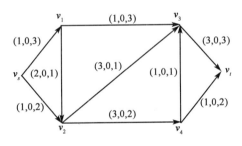

图5-76 初始零流状态

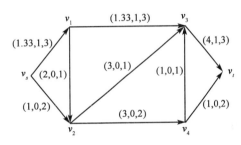

图5-77 增流 $\Delta f = 1$ 后

第二次选取最短时间路径,路径 $1: V_r \to V_1 \to V_3 \to V_t$,增流 $\Delta f = 1$ 后的总时间:$1.67 + 1.67 + 5 = 8.34$;路径 $2: V_r \to V_2 \to V_4 \to V_t$,增流 $\Delta f = 1$ 后的总时间:$1.5 + 1.5 + 4.5 = 7.5$;而其余路径即使不增流,时间也大于 7.5。故选取路径2,此时得到 $T_{min} = 7.5$。优化结果如图5-78 所示。

第三次选取最短时间路径,路径 $1: V_r \to V_1 \to V_3 \to V_t$,增流 $\Delta f = 1$ 后的总时间:$1.67 + 1.67 + 5 = 8.34$;路径 $2: V_r \to V_2 \to V_4 \to V_t$,增流 $\Delta f = 1$ 后的总时间:$2 + 6 + 2 = 10$;而其余路径即使不增流,时间也大于 8.34。故选取路径1,此时得到 $T_{min} = 8.34$。优化结果如图5-79 所示。

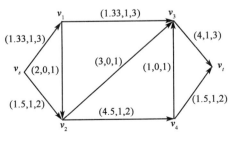

图5-78 增流 $\Delta f = 1$ 后

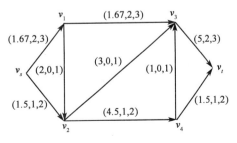

图5-79 增流 $\Delta f = 1$ 后

第四次选取最短时间路径,路径 $1:V_r \to V_1 \to V_3 \to V_t$,增流 $\Delta f = 1$ 后的总时间:$2 + 2 + 6 = 10$;路径 $2:V_r \to V_2 \to V_4 \to V_t$,增流 $\Delta f = 1$ 后的总时间:$2 + 6 + 2 = 10$。这里选取路径 $1:V_r \to V_1 \to V_3 \to V_t$,$T_{min} = 10$,优化结果如图 5-80 所示。

第五次选取最短时间路径:路径 $2:V_r \to V_2 \to V_4 \to V_t$,$2 + 6 + 2 = 10$,$\Delta f = 1$,总时间为 $T_{min} = 10$。优化结果见图 5-81。

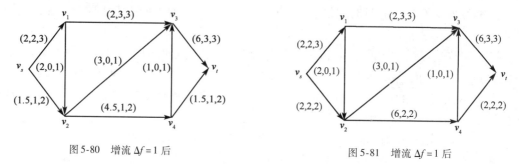

图 5-80 增流 $\Delta f = 1$ 后   图 5-81 增流 $\Delta f = 1$ 后

此时得到满足最短时间的优化网络,当运输流量为 5 个单位物资时,在产生动态堵塞的情况下的最短时间为 $T = 2 + 2 + 6 = 10$,它保证了所有物资能运送完毕。

若不考虑动态堵塞情形时,上述算例的优化结果如图 5-82 所示。

为便于分析,做出两种情形下的流量—最短时间图,见图 5-83。

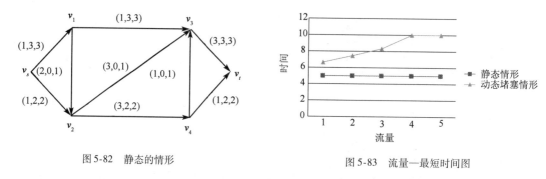

图 5-82 静态的情形   图 5-83 流量—最短时间图

由图中可以看出,当流量变化时,由于考虑了动态堵塞情况,造成时间延迟,表示当流量越来越大时,堵塞越来越严重,故通行的时间会增加。当不考虑堵塞程度对时间的影响时,通行时间会小于网络发生动态堵塞时的时间,这也与实际情况相吻合。

5.6 动态网络流

5.6.1 动态网络流的概念

在静态网络模型中,网络结构如节点的存在性、节点间的连通关系等是固定不变的,网络中弧上的参数如长度、成本等均为常值,是不随时间变化的。但在有些实际问题中的网络流模型中,网络的结构和参数是随时间变化的,静态网络无法反映实际网络结构和参数与时间的有关特征。

可以说,经典的网络流理论已不能解决社会和管理实践中所遇到的一些新问题,对更加实际可行的网络模型的需求引起了动态网络流理论的发展。动态网络是传统静态网络在时间维的扩展,在动态网络流模型中,流通过弧不是瞬时而是需要花费时间的,流可以被耽搁在节点处,网络参数可以随时间变化。

与静态网络流相比,动态网络流模型中有一个附加的参数 τ_a 它指定弧 a 上每个单位流从弧的尾到弧的头所需要的时间,称为弧 a 的行程时间。换句话说,一个 t 时刻从弧 a 的尾出发的单位流,需要到 $t+\tau_a$ 时刻才能到达弧 a 的头。因此动态模型弧的负荷量与流量的概念是不同的。另外,动态网络流模型中,弧上的参数可能不固定,随时间而变化。

(1)弧的负荷量。t 时刻弧 a 的负荷量 $f_a(t)$ 就是指 t 时刻存在于弧 a 上的流的数量。

(2)流量。t 时刻弧 a 的流量 $x_a(t)$ 就是指 t 时刻已经进入弧 a 上的流的数量。

(3)吞吐量。指在给定的时间区间内可以从源点到汇点发送的流量。

5.6.2 动态网络流的建模方法

1. 快照

快照主要是将网络流变化情况划分为一个个的快照,类似于离散时间拓扑图,每个快照都变成独立的静态图。快照记录了动态网络流随时间变化的形态。它由多个子图构成,每个子图 G_i 对应一个有限时间段内 $[t_i, t_{i+1}]$ 的拓扑,N 个时间连续的图 $\{G_1, G_2, \cdots, G_N\}$ 组成的有序序列即可以表示整个网络在 $[t_1, t_{N+1}]$ 时间段内的拓扑变化。

考虑如图 5-84 所示的动态网络,弧上的标号表示弧的行程时间,并且假设每条弧的容量为 2。图 5-85 则给出了一个在 $T=\{1,2,\cdots,5\}$ 内吞吐量为 8 的网络流。

快照可以准确地描述节点之间连通的时序信息,每个子图可以看成独立的静态图,可以借鉴传统静态网络图模型,分别在各自的快照中,应用静态网络的方法进行分析研究。

2. 时间扩展图

时间扩展图是将动态网络扩展为静态网络的一种方法。该静态网络在时间范围 $\{0, \cdots, T\}$ 内的每个时间单位都有一个副本节点,并且动态网络中所有的弧都应在这些节点副本间

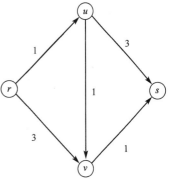

图 5-84 动态网络示例

重画,以表达它们的运输时间。如图 5-86 为图 5-85 动态流的时间扩展图,弧上的标号代表交通流量。

利用时间扩展图的线性规划方法可以产生最优解,但是该方法仍然有局限性。从图 5-86 中可以看出,若动态网络中的节点个数为 n,时间上限为 T,那么时间扩展图中的节点数将是 $(T+1)n$,也就是说,时间扩展图的规模会随着 T 和 n 的增加而激增。

3. 时间集合图

时间集合图是为了克服时间扩展图存储代价大和计算复杂度高的缺点而提出的。时间集合图将拓扑发生变化的时刻聚合在一个时间序列中,通过链路上标识出的时间序列保持追踪网络拓扑变化,使得原始的静态拓扑图变成了带有时间特性的拓扑图。与时间扩展图模型相比,时间集合图模型需要更少的存储,网络规模更小,计算更加高效简单。

图 5-85 所示的动态网络流可以形成时间集合图,如图 5-87 所示。

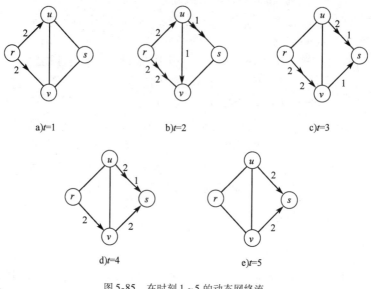

图 5-85　在时刻 1～5 的动态网络流

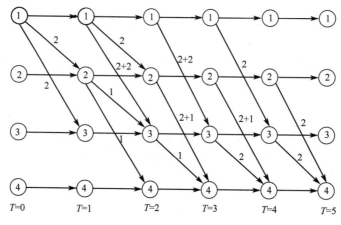

图 5-86　时间扩展图示意图

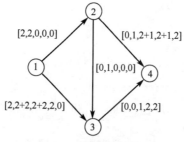

图 5-87　时间集合示意图

也可以定义每个节点有一个权重集,表示该节点在各个时刻的时间序列;每条边有一个权重集,表示该边在各个时刻的时间序列。这样就可以反映出网络的拓扑结构随时间变化的情况。图 5-88 表示定义节点权重的时间集合示意图。

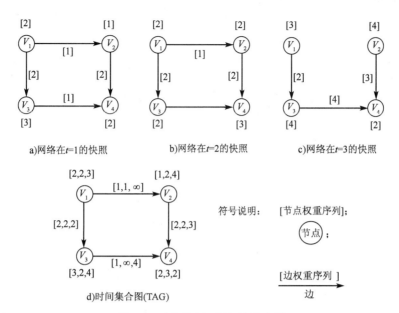

a)网络在t=1的快照   b)网络在t=2的快照   c)网络在t=3的快照

d)时间集合图(TAG)

符号说明：   [节点权重序列]；

           (节点)；

           [边权重序列]
           ————————→
           边

图 5-88　定义节点权重的时间集合图

第6章　图遍历问题

6.1　图 的 遍 历

图的遍历包括 Euler 型遍历和 Hamilton 型遍历。前者以 Euler 问题为代表对所有边进行遍历,是以寻找 Euler 迹或 Euler 回为目的的遍历。后者以 Hamilton 问题为代表对所有点进行遍历,是以寻找 Hamilton 圈或 Hamilton 路为目的的遍历。

连通图 G 中,若存在一条道路,经过每边一次且仅一次,则称这条路为 Euler 道路,一个连通图有 Euler 道路当且仅当它最多有两个奇点。若存在一条回路,经过每边一次且仅一次,则称这条回路为 Euler 回路,具有 Euler 回路的图也称 Euler 图,无向连通图 G 是 Euler 图的充分必要条件是 G 的每个节点度数均为偶数。

中国邮递员问题是典型的 Euler 问题,求邮递员从邮局出发,走遍他所管辖的每条街道,将信件送到后返回邮局的最短路径。若他所管辖的街道构成一个 Euler 图,则 Euler 回路即为所求;若他所管辖的街道不构成 Euler 图,即存在度数为奇数的定点,则有些街道需走多余一遍,此时求最短回路。

在图论中,遍历图 G 中所有顶点恰好一次所形成的路称为 Hamilton 路,封闭的 Hamilton 路称为 Hamilton 圈,含有 Hamilton 圈的图称为 Hamilton 图,不含 Hamilton 圈的图称为非 Hamilton 图。判断一个给定的图是否是 Hamilton 图的问题称为 Hamilton 问题。

旅行商问题是个典型的寻求 Hamilton 圈的问题,是指给定了 n 个城市和两两城市间的距离,要求确定一条经过各城市当且仅当一次的最短线。Hamilton 图与 Euler 图的区别只在于,边与顶点的区别,Euler 图是每边经过一次,Hamilton 图是每顶点经过一次。

6.2　Euler 图和 Hamilton 图的判定方法

6.2.1　Euler 图的判定方法

1. 用 Euler 图的定义来判定

经过图 G 的每条边一次且仅一次的路径,称为 Euler 路径;经过图 G 的每条边一次且仅一次的回路,称为 Euler 回路。具有 Euler 回路的图称为 Euler 图。

图 6-1 中的图可用 Euler 图的定义判定为 Euler 图。

2. 用定理来判定

定理 1：一个无向连通图是 Euler 图的充分必要条件是图中各点的度数为偶数。

图 6-1 可用定理 1 判定。

定理 2：设图 G 是有向连通图，图 G 是 Euler 图的充分必要条件是图中每个顶点的入度和出度相等。

图 6-2 用定理 2 可判定为 Euler 图。

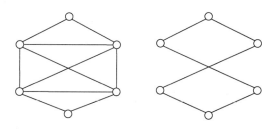

图 6-1　用 Euler 图的定义判断 Euler 图

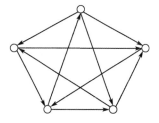

图 6-2　用定理 2 判断 Euler 图

6.2.2　Hamilton 图的判定方法

1. 用 Hamilton 图的定义来判定

如果图 G 中存在一条通过图 G 中各个顶点一次且仅一次的回路，则称此回路为图 G 的 Hamilton 回路。具有 Hamilton 回路的图称为 Hamilton 图。

如图 6-3 中的图可用 Hamilton 图的定义判定为 Hamilton 图。

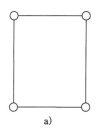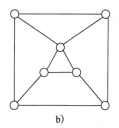

图 6-3　用 Hamilton 图的定义判断 Hamilton 图

2. 用定理来判定

定理 3：设图 G 是具有 n 个顶点的无向连通图，如果 G 中任意两个不同顶点的度数之和大于或等于 n，则 G 具有 Hamilton 回路，即 G 是 Hamilton 图。

用定理 3，可判定图 6-3b）为 Hamilton 图。

定理 3 是判断 Hamilton 图的充分条件，即不满足定理条件时，也可能存在 Hamilton 回路，图 G 也可能是 Hamilton 图。

Hamilton 图的判定比 Euler 图要复杂。

定理 4：设图 $G<V,E>$ 是 Hamilton 图，则对于 V 的任意一个非空子集 S，若以 $|S|$ 表示 S 中元素的数目，$G-S$ 表示 G 中删去了 S 中的点以及这些点所关联的边后得到的子图，则 $w(G-S)\leqslant|S|$ 成立。其中 $w(G-S)$ 是 $G-S$ 中连通分支数。

定理 4 是 Hamilton 图的必要条件,用它可以证明某些图不是 Hamilton 图。

图 6-4 中删去 v 成为具有 2 个连通分支的图,图 6-5 中删去 a,b 成为具有 3 个连通分支的图,即图 6-4 和图 6-5 都不是 Hamilton 图。

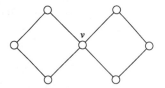

图 6-4　判断非 Hamilton 图 1

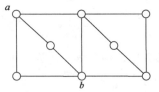

图 6-5　判断非 Hamilton 图 2

6.3　Euler 图的寻迹算法

6.3.1　Fleury 算法

问题:已知图 $G(V,E)$ 是 Euler 图,试在图 G 中确定一条 Euler 回路。

对于任一节点 $v_0 \in V$,$\deg(v_0) \neq 0$,所以一定可以找到 $e_1 = <v_0,v_1> \in E$,若 $v_1 = v_0$,则找到了 G 的一条回路。否则,由于 $\deg(v_1)$ 为偶数,一定可以找到 $e_2 = <v_1,v_2> \in E$,且 $e_2 \neq e_1$。若 $v_2 = v_0$,则找到了 G 的一条回路。否则,又由于 $\deg(v_2)$ 为偶数,可以找到 $e_3 = <v_2,v_3> \in E$,且 $e_3 \neq e_2,e_3 \neq e_1$。若 $v_3 \neq v_0$,则找到 G 的一条回路……如此进行下去,每次仅取一次,并且每到一节点就沿着该节点的关联边中没走过的一条边走,只有当没有其他选择时才选未走过的边所构成子图的割边走。因为 E 是有限集,故一定存在 $e_1,e_2,\cdots,e_n$,使 e_n 的终点为 v_0,从而构成 G 的一条 Euler 回路 $C:v_0 e_1 v_1 e_2 \cdots v_i e_{i+1} \cdots v_{n-1} e_n v_0$。

用此方法确定 Euler 回路,那么不仅能迅速、准确地找出一个 Euler 图中的 Euler 回路,而且改变 E_1 中元素的顺序,还可以将该图中各种不同的 Euler 回路一一找出。

Fleury 算法如下:

步骤 1:任取 $v_0 \in V(G)$,$P_0 = v_0$,$i=0$;

步骤 2:设 $P_i = v_0 e_1 e_2 \cdots e_i v_i$;

如果 $G_i = G - (e_1,e_2,\cdots,e_i)$ 中没有与 V_i 关联的边,则计算停止;否则按下述条件从 $G_i = G - (e_1,e_2,\cdots,e_i)$ 中任取一条边 e_{i+1};

①e_{i+1} 与 v_i 相关联;

②除非没有其他选择,$G_{i+1} = G - (e_1,e_2,\cdots,e_{i+1})$ 仍应为连通的。

步骤 3:另 $i=i+1$,返回步骤 2。

当算法停止时所得简单回路为一条 Euler 回路。

对于图 6-6 中的无向图,选取 $P_0 = v_1$,依次计算出 $P_1 = v_1 e_1 v_2$、$P_2 = v_1 e_1 e_3 v_4$、$P_3 = v_1 e_1 e_3 e_5 v_5$、$P_4 = v_1 e_1 e_3 e_5 e_7 v_7$、$P_5 = v_1 e_1 e_3 e_5 e_7 e_8 v_6$、$P_6 = v_1 e_1 e_3 e_5 e_7 e_8 e_6 v_4$、$P_7 = v_1 e_1 e_3 e_5 e_7 e_8 e_6 e_4 v_3$、$P_8 = v_1 e_1 e_3 e_5 e_7 e_8 e_6 e_4 e_2 v_1$,即找到了一条以 v_1 为起点的 Euler 回路。同样以 v_1 为起点的 Euler 回路还有 $v_1 e_1 e_3 e_8 e_6 e_7 e_5 e_4 e_2 v_1$、$v_1 e_2 e_4 e_8 e_6 e_7 e_5 e_3 e_1 v_1$ 和 $v_1 e_2 e_4 e_5 e_7 e_8 e_6 e_3 e_1 v_1$。

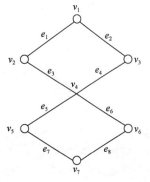

图 6-6　求无向图的 Euler 回路

6.3.2　End-pairing 算法

End-pairing 算法描述如下：

步骤 1：给出一个简单的回路，它可能不包含图中所有的顶点，如果所有的边都包含在该回路中，则算法结束；

步骤 2：给出任意一个在回路中的顶点 v 且该点连接一条不在回路中的边。从 v 点开始构造另外一条回路，并且不与每一条回路重叠；

步骤 3：假设 e_1 和 e_2 是每一条回路上连接顶点 v 的两条边，e_3 和 e_4 是第二条回路中连接点 v 的两条边，把这两条回路合并成一条简单的回路；从顶点 v 出发经过边 e_3 遍历回路 2 直到经过边 e_4 回到点，再从边 e_2 开始遍历回路 1 直到经边 e_1 回到点 v，这样两条回路就被连成了一条回路。如果所有的边都遍历了，则算法结束；否则回到步骤 2。

对于图 6-6 中，先找到一个回路 $e_1e_3e_2e_4$，以回路上的四个点搜索，只有 v_4 有连接不在回路上的边，以 v_4 构造回路 $e_3e_4e_5e_6$，把两个回路连成一条回路，包含了所有的边，算法结束，与 Fleury 算法的结果相一致。

6.3.3　求最优回路的奇点配对法

在一个连通的赋权图 $G(V, E)$ 中，要寻找一条环游，使该环游包含 G 中的每条边至少一次，且该环游的权数最小。也就是说要从包含 G 的每条边的环游中找一条权数最小的环游。

如果图 G 是 Euler 图，则 G 的 Euler 环游便是最优回路，可用 Fleury 算法求得；若 G 不是 Euler 图，则含有所有边的闭途径必须重复经过一些边，最优回路要求重复经过的边的权之和达到最小。闭途径重复经过一些边，实质上可看成给图 G 添加了一些重复边（其权与原边的权相等），最终消除了奇点形成一个 Euler 图。因此，在这种情况下求最优回路可分为两步进行：首先给图 G 添加一些重复边得到 Euler 图 G'，使得添加边的权之和最小，然后用 Fleury 算法求 G' 的一条 Euler 环游。这样便得到 G 的最优回路。问题是如何给图 G 添加重复边得到 Euler 图 G'，使得添加边的权之和最小？

首先注意到，若图 G 有奇点，则 G 的奇点必是偶数。把奇点分为若干对，每对节点之间在 G 中有相应的最短路，将这些最短路画在一起构成一个附加的边子集。令 $G' = G - E'$，即把附加边子集 E' 叠加在原图 G 上形成一个多重图 G'，这时 G' 中连接两个节点之间的边不止一条。显然 G' 是一个 Euler 图，因而可以求出 G' 的 Euler 环游，该 Euler 环游不仅通过原图 G 中每条边，同时还通过 E' 中的每条边，且均仅一次。当 G 的奇点较多时，可能有很多种配对方法，应怎样选择配对，能使相应的附加边子集 E' 的权数最小？为此有下列定理。

设 C 是一条经过赋权连通图 G 的每条边至少一次的回路，则 C 是 G 的最优回路，当且仅当 C 对应的 Euler 图 G' 满足：

（1）G 的每条边在 G' 中至多重复出现一次。若图中边的重数大于或等于 3，就可以去掉偶数条边，不改变节点度的奇偶性，所得图仍为欧拉图，总权值变小，原图不是最优回路，因此最优回路中边小于或等于 2。

（2）G 的每个圈上在 G' 中重复出现的边的权之和不超过该圈总权的 $1/2$。若大于该圈总权的 $1/2$，将回路上重复的边改为不重复边而未重复的边改为重复边。这样做不改变各顶点的度数的奇偶数。设所得图仍是 Euler 图，总权值变小，原图不是最优回路。

已知邮递员要投递的街道如图 6-7 所示,V_2 为邮局,试求最优邮路。

先找出奇节点:$A_1,A_2,A_3,A_4,B_1,B_2,B_3,B_4$。对奇节点进行配对,不妨把 A_1 与 B_1,A_2 与 B_2,A_3 与 B_3,A_4 与 B_4 配对,求其最短路,如图 6-8 所示。

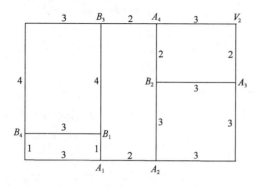

图 6-7 邮递员要投递的街道

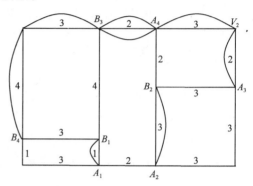

图 6-8 求最短路

显然它不是最优解,应对其进行调整。

第一次调整:删去多于一条的重复边,即 A_3 与 B_3,A_4 与 B_4 中的 (A_4,B_3)。调整后,实际上成为 A_1 与 B_1,A_2 与 B_2,A_3 与 A_4,B_3 与 B_4 的配对,如图 6-9 所示。

第二次调整:发现在环游 $\{A_1,A_2,B_2,A_4,B_3,B_4,B_1,A_1\}$ 中重复边的权数和为 11,大于该环游权数 20 的 $1/2$。因而调整时,把该环游的重复边删去,代之以重复其余部分,实际上是调整为 A_1 与 A_2,B_1 与 B_4,A_3 与 A_4,B_2 与 B_3 的配对,如图 6-10 所示。

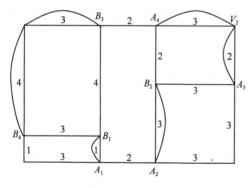

图 6-9 第一次调整

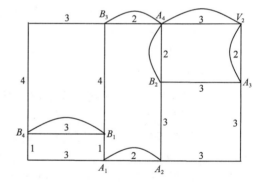

图 6-10 第二次调整

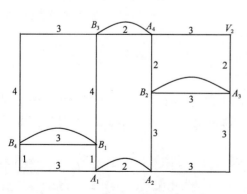

图 6-11 第三次调整

第三次调整:发现环游 $\{A_3,A_4,B_2,A_3\}$ 中重复边的权数和为 7,大于该环游权数 10 的 $1/2$,因而删去原重复边 (A_3,V_2,A_4) 和 (A_4,B_2),而添加 (B_2,A_3)。进行检查时发现,既没有多于一条的重复边,也没有任何环游使其重复边的权数之和大于该环游的 $1/2$,这就是最优的附加边子集 E',而 $G+E'$ 为 Euler 图,可由 Fleury 算法找出最优邮路,如图 6-11 所示。

最优邮路为 $V_2A_3A_2A_1B_4B_3A_4B_2A_3B_2A_2A_1B_1$ $B_4B_1B_3A_4V_2$。

6.3.4　Hungary 法

最优回路问题的关键点在于如何找出奇度节点的两两配对的最优匹配方案。可以使用匈牙利 Hungary 法进行求解。其理论基础如下：

定理1：如果从分配问题效率矩阵 $W = (w_{ij})$ 的每一行元素中分别减去（或加上）上一个常数 u_i（称为该行的位势），从每一列分别减去（或加上）上一个常数 v_j（称为该列的位势），得到一个新效率矩阵 $B = (b_{ij})$，若其中 $b_{ij} = w_{ij} - u_i - v_j$，则二者的最优解等价。

定理2：若矩阵 W 的元素可分成0与非0两部分，则覆盖0元素的最少直线数等于位于不同行、不同列的0元素的最大个数。

根据上述两个理论，Hungary 法主要思想是：对于一个效率矩阵 W，使其产生尽可能多的0元素，并且始终保持所有元素非负，直到能从变化后的矩阵中找出 n 个位于不同行、不同列的0元素为止，这些0元素对应的 $x_{ij} = 1$，其余 $x_{ij} = 0$ 的方案为最优解。

其求解的具体步骤如下：

步骤1：初始变换获得0元素。从效率矩阵 W 的每行减去最小元素；然后从所在矩阵的每列减去该列的最小元素，令经过这两步的矩阵为 B。

步骤2：在 B 中寻找位于不同行、不同列的0元素。

①检查 (b_{ij}) 的每行、每列，从中找出没有标记的0元素最少的一排（即行、列的通称），在该排将一个0元素标记为 ∗，若该行或列有多个0元素，则比较0元素所在列或行包含0元素的个数，标记最小值。如若仍有相同的0元素，则在其中任选一个，并将该0元素的位置记录下来。

②把刚得到的 ∗ 所在的行和列中其余的0元素划去，标记为#。

③凡是 ∗、#就成了标记的0元素，返回步骤③。

这样逐次进行下去，直到 (b_{ij}) 中所有0元素都加上标记为止。这样得到的 ∗ 元素一定位于不同行、不同列。如果个数等于 n，已经符合最优性条件，运算结束，否则转步骤3。

步骤3：重新构筑矩阵 B。

①先找出无 ∗ 号的行。

②然后找出该行有#的列。

③最后找出该列有 ∗ 号的行。

重复最后两步，直到找不出满足要求的列和行。

④去掉没找出的行和找出的列包含的元素 b_{ij}，得到新的集合，从该集合中找到一个最小值。

⑤在所有找出的行中都减去次最小元素，然后所有找出的列都加上此最小元素，得到新的矩阵，令这个矩阵为 B（原已做标号的0元素不参与运算），返回步骤2。

步骤4：经过步骤3回到步骤2，如果最终标记 ∗ 的元素仍然小于 n，则重新回到步骤2，排除在上一个循环中因存在相同数量0元素而任意标注的0元素，在剩下的集合中再次任意标记一个0元素。

设某巡警其管辖的街道拓扑图如图 6-12 所示，求出一条巡逻路径使得其权值之和最小。

步骤1：找出所有奇度节点。

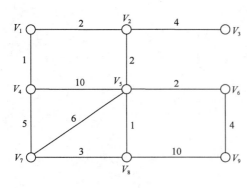

图 6-12　巡逻街道拓扑图

可以找到一共有 6 个奇度节点,分别为 V_2、V_3、V_4、V_5、V_7、V_8。

步骤 2:求出各个奇度节点的最短距离,并构筑效率矩阵 $W = (w_{ij})_{6 \times 6}$,其中:

$$w_{ij} = \begin{cases} V_i \text{ 和} V_j \text{ 的最短距离} & i \neq j \\ \infty & i = j \end{cases}$$

求出 V_2、V_3、V_4、V_5、V_7、V_8 两两间最短的路径,生成的矩阵 W 为:

$$W = \begin{vmatrix} \infty & 4 & 3 & 2 & 6 & 3 \\ 4 & \infty & 7 & 6 & 10 & 7 \\ 3 & 7 & \infty & 5 & 5 & 6 \\ 2 & 6 & 5 & \infty & 3 & 1 \\ 6 & 10 & 5 & 3 & \infty & 3 \\ 3 & 7 & 6 & 1 & 3 & \infty \end{vmatrix}$$

步骤 3:从效率矩阵 W 的每行减去最小元素;然后从所得矩阵的每列减去该列的最小元素,令经过这两步所得矩阵为 B:

$$B = \begin{vmatrix} \infty & 0 & 0 & 0 & 2 & 1 \\ 0 & \infty & 2 & 2 & 4 & 3 \\ 0 & 2 & \infty & 2 & 0 & 3 \\ 1 & 3 & 3 & \infty & 0 & 0 \\ 3 & 5 & 1 & 0 & \infty & 0 \\ 2 & 4 & 4 & 0 & 0 & \infty \end{vmatrix}$$

步骤 4:在 B 矩阵标注 0 元素。检查 (b_{ij}) 的每行、每列,从中找出没有标记的 0 元素最少的一排(即行、列的统称),在该排将一个 0 元素标记为 *,若该排有多个 0 元素,则任意标一个即可。把刚得到的 * 所在的行和列中其余的 0 元素划去,标记为#。转化后的矩阵如下:

$$B = \begin{vmatrix} \infty & * & \# & \# & 2 & 1 \\ * & \infty & 2 & 2 & 4 & 3 \\ \# & 2 & \infty & 2 & * & 3 \\ 1 & 3 & 3 & \infty & \# & * \\ 3 & 5 & 1 & \# & \infty & \# \\ 2 & 4 & 4 & * & \# & \infty \end{vmatrix}$$

从上面矩阵可以看到,一共有 5 个不同行、不同列的 ∗,由于数量小于 6,需要进一步变形。

步骤 5:先找出无 ∗ 号的行,然后找出该行有#的列,最后找出该列有 ∗ 号的行;重复最后两步,直到找不出满足要求的列和行;去掉没找出的行和找出的列包含的元素 b_{ij},得到新的集合,从该集合中找到一个最小值;在所有找出的行中都减去次最小元素,然后所有找出的列都加上此最小元素,得到新的矩阵;回到步骤 4,重新标注 0 元素。

$$
B = \begin{vmatrix} \infty & * & \# & \# & 2 & 2 \\ * & \infty & 2 & 3 & 4 & 4 \\ \# & 2 & \infty & 3 & * & 4 \\ 0 & 2 & 2 & \infty & \# & * \\ 2 & 4 & 0 & \# & \infty & \# \\ 1 & 3 & 3 & * & \# & \infty \end{vmatrix} \Rightarrow \begin{vmatrix} \infty & * & \# & \# & 2 & 2 \\ * & \infty & 2 & 3 & 4 & 4 \\ \# & 2 & \infty & 3 & * & 4 \\ \# & 2 & 2 & \infty & \# & * \\ 2 & 4 & * & \# & \infty & \# \\ 1 & 3 & 3 & * & \# & \infty \end{vmatrix}
$$

步骤 6:从最后变形得到的矩阵中,可以找出 6 个 ∗,分别是 b_{12}、b_{21}、b_{35}、b_{46}、b_{53}、b_{64},从而可以知道采取 $\{V_2, V_3\}$、$\{V_4, V_7\}$、$\{V_5, V_8\}$ 两两配对为最优指派配对。根据两两之间的最短路径加重复边,得到拓扑图,如图 6-13 所示。

步骤 7:求出 Euler 回路:$V_1 V_2 V_3 V_2 V_5 V_6 V_9 V_8 V_5 V_8 V_7 V_5 V_4 V_7 V_4 V_1$,总路径权值之和为 56。

对于某城市路网,把交叉口作为顶点,交叉口之间的路段作为边,为各边赋权,得到如图 6-14 所示的无向图。从顶点 1 出发寻找一个 Euler 圈,遍历图中若干指定的边(三角形覆盖的边),使运营成本最小。与传统 Euler 图问题不同的是,这里不要求遍历图中所有的边。问题可描述为求图 6-14 上寻找从顶点 1 出发并覆盖指定边的最小 Euler 图。

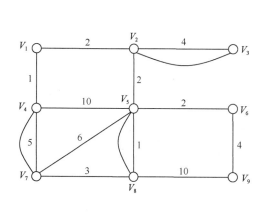
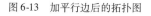

图 6-13　加平行边后的拓扑图

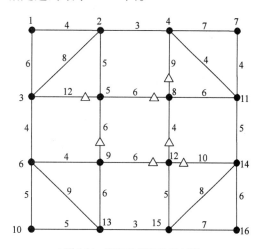

图 6-14　赋权及指定边无向图

步骤 1:找出由指定边组成的生成子图 6-15,因为有奇次顶点,故不是 Euler 图,奇次顶点为:3、4、5、8、12、14。

步骤 2:在原图 6-15 中,寻找上述 6 个顶点中任意 2 个顶点之间的最短路径,如表 6-1 所示。

以 6 个奇次顶点为顶点,生成完全图,各顶点之间的边权记为相应的最短路径长度,得到图 6-16。

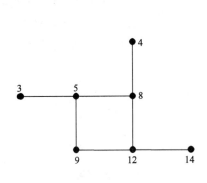

图 6-15　生成子图

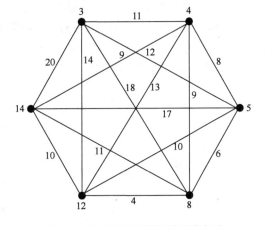

图 6-16　边权为最短路径长度的完全图

奇次顶点之间最短路径表　　　　　　　　　　表 6-1

顶　　点	最短路径长度	最　短　路　径	顶　　点	最短路径长度	最　短　路　径
3、4	11	3-2-4	4、14	9	4-11-14
3、5	12	3-5	5、8	6	5-8
3、8	18	3-5-8	5、12	10	5-8-12
3、12	14	3-6-9-12	5、14	17	5-8-11-14
3、14	20	3-2-4-11-14	8、12	4	8-12
4、5	8	4-2-5	8、14	11	8-11-14
4、8	9	4-8	12、14	10	12-14
4、12	13	4-11-14-12			

在图 6-17 中寻找最小边权匹配集合,得到｛3,5｝,｛4,14｝,｛8,12｝,得到图 6-12Euler 子图,图中虚线表示添加的路径,重复边表示走 2 次。

步骤 3:在图 6-14 中寻找顶点 1 到图 6-17 各顶点的最短路径,结果为 1-3,路径长度为 6,在子图 6-17 中添加顶点 1,即重复路径 1-3,得到新的子图 6-18。

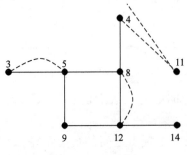

图 6-17　Euler 子图

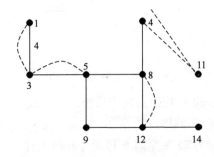

图 6-18　新子图

在 Euler 子图 6-18 中按照寻找 Euler 图的 Fleury 算法,可得唯一 Euler 图:1-3-5-8-12-14-11-4-8-12-9-5-3-1。

在原图 6-14 中用粗实线标出,用箭头表示行驶方向与次数(对存在歧义的地方给出了数字标注,数字大小表示先后顺序),即得覆盖所有指定边的最小 Euler 图,如图 6-19 所示。此时,最小成本为 90。

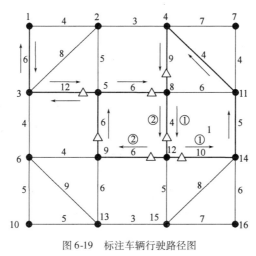

图 6-19　标注车辆行驶路径图

6.4　Hamilton 回路计算方法

6.4.1　连通矩阵法

设 G 是有 n 个顶点的简单图(无向或有向),按如下算法步骤可输出图 G 的全部 Hamilton 回路或当 G 是非 Hamilton 图时输出"非 Hamilton 图"的信息。

算法步骤如下:

步骤 1:构造图 G 的 L 邻接矩阵 M_1;

步骤 2:判断 M_1 的每行每列是否都有非空元素,如否,即有全空的行或列,步骤 9;

步骤 3:如是,$k \leftarrow 2$,并由 M_1 构造 M;

步骤 4:构造长度为 k 的连通矩阵 $M_k = M_{k-1} M$;

步骤 5:判断 M_k 中每行每列是否有非空元素以及 k 是否小于 n;

步骤 6:如是,则 $k \leftarrow k+1$,并转步骤 4;

步骤 7:否则,判断 k 是否与 n 相等;

步骤 8:如是,输出 M_n 对角线上元素,得到全部 Hamilton 回路;

步骤 9:否则,M_k 有全空的行和列,输出"图 G 是非 Hamilton 图"信息;

步骤 10:算法终止。

求图 6-20 所示无向图 G 中的 Hamilton 回路。

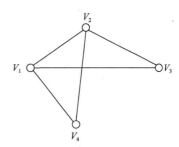

图 6-20　求无向图 G 中的 Hamilton 回路

$$M_1 = \begin{vmatrix} \varPhi & \{12\} & \{13\} & \{14\} \\ \{21\} & \varPhi & \{23\} & \{24\} \\ \{31\} & \{32\} & \varPhi & \varPhi \\ \{41\} & \{42\} & \varPhi & \varPhi \end{vmatrix} \qquad M_1 = \begin{vmatrix} \varPhi & \{2\} & \{3\} & \{4\} \\ \{1\} & \varPhi & \{3\} & \{4\} \\ \{1\} & \{2\} & \varPhi & \varPhi \\ \{1\} & \{2\} & \varPhi & \varPhi \end{vmatrix}$$

$$M_2 = \begin{vmatrix} \varPhi & \{132/142\} & \{123\} & \{124\} \\ \{231/241\} & \varPhi & \{213\} & \{214\} \\ \{321\} & \{312\} & \varPhi & \{314/324\} \\ \{421\} & \{412\} & \{413/423\} & \varPhi \end{vmatrix}$$

$$M_3 = \begin{vmatrix} \varPhi & \varPhi & \{1423\} & \{1324\} \\ \varPhi & \varPhi & \{2413\} & \{2314\} \\ \{3241\} & \{3142\} & \varPhi & \{3214/3124\} \\ \{4231\} & \{4132\} & \{4213/4123\} & \varPhi \end{vmatrix}$$

$$M_4 = \begin{vmatrix} \{14231/13241\} & \varPhi & \varPhi & \varPhi \\ \varPhi & \{24132/23142\} & \varPhi & \varPhi \\ \varPhi & \varPhi & \{32413/31423\} & \varPhi \\ \varPhi & \varPhi & \varPhi & \{41324/42314\} \end{vmatrix}$$

M_4 对角线上的集合中的 8 个数字串所代表的回路均是 Hamilton 回路,而实际上只有 (14231) 和 (13241) 是两个不同的 Hamilton 回路。因此, G 是 Hamilton 图。

上述算法主要用来输出 Hamilton 图中的 Hamilton 回路,当然也可用来求图中所有长度为 $n-1$ 的 Hamilton 通路,只要在求出 M_{n-1} 后立刻输出 M_{n-1} 中所有非空集合中的元素即可。

6.4.2 最邻近算法

在一个边赋权的无向完全图上找到一条 Hamilton 回路,使得回路上各边的权之和最小,边上的权即为连接两城市交通线路的长度。

有一种近似算法——最邻近算法,基本思想非常简单:当在某一节点时,下一步就选择与这个节点最邻近的、还没有去过的节点作为下一站,如此进行,直到走完所有节点为止。

最邻近算法:

步骤 1:在完全图中任选一点作为起始点,找出一个与始点最近的点,形成一条边的初始路,然后用步骤 2 逐点扩充这条路。

步骤 2:设 x 表示最新加入到这条路上的顶点,从不在路上的所有顶点中,选一个与 x 最邻近的点,把连接 x 与此点的边加到这条路上。重复这一步,直到完全图中所有顶点都包含在路中。

步骤 3:把起始点和最后加入的顶点间的边放入,得到回路。

在图 6-16 中以点 a 为起点,根据最邻近算法逐点构造出一条 Hamilton 回路。

图6-21 中,以 a 为起点,相连的有 b、c、d、e 四个点,距离分别为 14、12、7、10,最邻近的 d 点,把 d 点加入回路中。以 d 点开始搜索,相连接的有 b、c、e 三个点,距离分别为 12、6、11,最邻近的 c 点,把 c 点加入回路中。以 c 点开始搜索,相连接的有 h 和 e,距离分别为 9 和 8,最邻近的 e 点,把 e 点加入回路中。以 e 点开始搜索,相连接的只有 b 点,距离 5,把 b 点加入回路中。由此可以得到回路 $adceba$,权和 40,与最优的回路 $adcbea$ 的权和 37 近似。

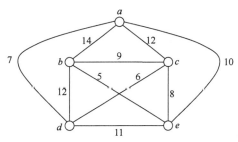

图6-21 最邻近算法求 Hamilton 回路

6.4.3 最短路径法

在农村客运线路的实践中,循环发车方法实际上是 Hamilton 回路问题,即 n 个地点,要求从某一地点出发,寻找出一条线路,经过每个点一次且仅一次,最后又返回原地的周游路线。循环发车方法的首要问题是如何使这一循环发车总的里程最短,即求最短的 Hamilton 回路。

图6-22 为某县域内 14 个镇乡的节点及路径图。其相应的道路矩阵为:

$$
A = \begin{array}{c|cccccccccccccc}
 & V_1 & V_2 & V_3 & V_4 & V_5 & V_6 & V_7 & V_8 & V_9 & V_{10} & V_{11} & V_{12} & V_{13} & V_{14} \\
V_1 & 0 & 8 & 20 & 14 & 19 & 33 & 25 & 22 & 16 & 20 & 7 & 19 & 16 & 17 \\
V_2 & 8 & 0 & 12 & 12 & 17 & 25 & 23 & 24 & 24 & 28 & 15 & 25 & 15 & 9 \\
V_3 & 20 & 12 & 0 & 16 & 21 & 13 & 25 & 28 & 36 & 40 & 27 & 27 & 17 & 9 \\
V_4 & 14 & 12 & 16 & 0 & 5 & 23 & 11 & 12 & 27 & 34 & 21 & 33 & 27 & 21 \\
V_5 & 19 & 17 & 21 & 5 & 0 & 18 & 6 & 17 & 32 & 39 & 26 & 38 & 32 & 26 \\
V_6 & 33 & 25 & 13 & 23 & 18 & 0 & 12 & 27 & 42 & 53 & 40 & 40 & 30 & 22 \\
V_7 & 25 & 23 & 25 & 11 & 6 & 12 & 0 & 15 & 30 & 45 & 32 & 44 & 38 & 32 \\
V_8 & 22 & 24 & 28 & 12 & 17 & 27 & 15 & 0 & 15 & 33 & 29 & 41 & 38 & 31 \\
V_9 & 16 & 24 & 36 & 27 & 32 & 42 & 30 & 15 & 0 & 18 & 23 & 35 & 32 & 33 \\
V_{10} & 20 & 28 & 40 & 34 & 39 & 53 & 45 & 33 & 18 & 0 & 16 & 28 & 36 & 37 \\
V_{11} & 7 & 15 & 27 & 21 & 26 & 40 & 32 & 29 & 23 & 16 & 0 & 12 & 20 & 24 \\
V_{12} & 19 & 25 & 27 & 33 & 38 & 40 & 44 & 41 & 35 & 28 & 12 & 0 & 10 & 18 \\
V_{13} & 16 & 15 & 17 & 27 & 32 & 30 & 38 & 38 & 32 & 36 & 20 & 10 & 0 & 8 \\
V_{14} & 17 & 9 & 9 & 21 & 26 & 22 & 32 & 31 & 33 & 37 & 24 & 18 & 8 & 0 \\
\end{array}
$$

步骤 1:利用矩阵(或图)找出 14 条距离最短的路径,即 $V_4 V_5 = 5$、$V_5 V_7 = 6$、$V_1 V_{11} = 7$、$V_1 V_2 = 8$、$V_{13} V_{14} = 8$、$V_2 V_{14} = 9$、$V_3 V_{14} = 9$、$V_{12} V_{13} = 10$、$V_2 V_3 = 12$、$V_2 V_4 = 12$、$V_4 V_8 = 12$、$V_6 V_7 = 12$、$V_{11} V_{12} = 12$、$V_3 V_6 = 13$。

将上述路径勾画到各节点上,如图 6-23 所示。

此路径显然不是 Hamilton 回路。

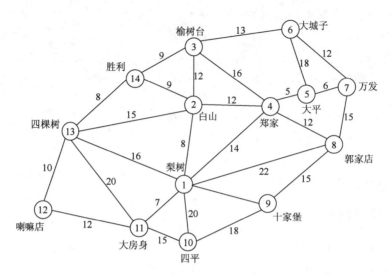

图 6-22　某县域内 14 个镇乡的节点及路径图

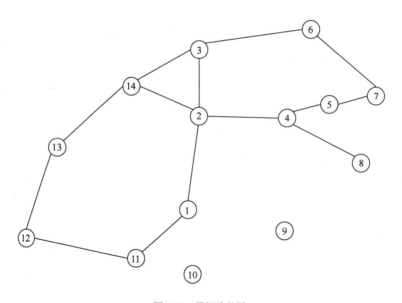

图 6-23　最短路径图

①V_9、V_{10}两点无路径连接。

②点 $V_2 V_3 V_4 V_{14}$ 的连线均超过 3（即此点多次进出），因为只有连线为 2，即"一进一出"才符合要求。

步骤 2：点 V_2 的连线 4 必须排除 2 条连线，在 $V_1 V_2$、$V_2 V_3$、$V_2 V_4$、$V_2 V_{14}$ 这 4 条线路中，连接 V_1 点的线度已为 2，说明在未构成回路之前已返回 V_1 点，因此必须排除 $V_1 V_2$，同时增加 $V_8 V_9 = 15$ 这条边；在剩余的 3 条边中，考虑必须排除 $V_2 V_4$ 这条边（因为如果保留此边，将增加里程，并须向两个方向搜索），同地添加边 $V_9 V_{10} = 18$。

③排除 $V_1 V_2$、$V_2 V_4$ 后，此时只有点 V_3、V_{14} 的线度为 3，显然只有断开连接这两点的 $V_3 V_{14}$，方使两点连线为 2，同时增加 V_{10}、V_1，至此回路构成，如图 6-24 所示。

　　以上路径全程 159km，按图 6-19 中连接关系，以 V_1 点或其他 V_i 点沿顺、逆时针方向构成循环发车。从包含 14 个节点来讲，此回路是最短的 Hamilton 路。

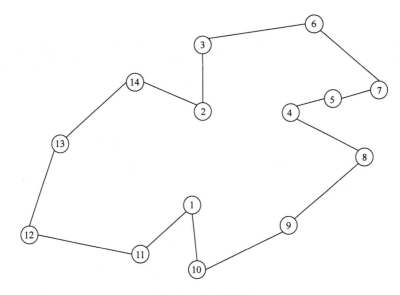

图 6-24　构建回路图

第7章 图的匹配与独立集

7.1 图的匹配

7.1.1 匹配问题

匹配理论是图论的核心内容之一,它的发展研究已有一百多年。随着研究的不断深入,它不但成为图论的一个核心内容,而且广泛应用到数学的其他方面,如化学图论、组合优化、数学建模等。

匹配问题是从某些实际应用问题中提出的,因此,可以通过构造合适的图来将一些实际应用问题转化归结为匹配问题。

考察一个关于工作分配的问题,设某公司有 n 件工作 $X_1, X_2, \cdots, X_n$,有 n 个职工 $Y_1, Y_2, \cdots, Y_n$,工作 X_i 可以由某些职工来做,职工 Y_i 可以胜任一定数量的工作。问是否可以把每一种工作分配给一个能胜任这个工作的职工,并且没有两种工作分配给同一个职工? 构造一个二部图 $G = (X, Y, E)$,其中 $X = \{X_1, X_2, \cdots, X_n\}$,$Y = \{Y_1, Y_2, \cdots, Y_n\}$,$X_i$ 和 Y_i 之间连边,当且仅当职工 Y_i 可以胜任工作 X_i,那么工作分配问题就转化为图论问题:二部图 $G = (X, Y, E)$ 中是否可以寻找到完美匹配?

给定一个图 G,边子集 $M \subset V(G)$,如果 M 中的任意两条边都不相邻(边不共顶点),那么就称边子集 M 是图 G 的一个匹配。显然,一个图的匹配不是唯一的,在图 7-1 中,图的匹配有 $\{(a,e),(b,f)\}$ 和 $\{(a,e),(b,f),(c,g)\}$ 等。若边 (u,v) 是图 G 中匹配 M 中的一条边(元素),则称顶点 u 与 v 在 M 下相匹配。

假设 M 是图 G 的一个匹配,一条 M-交错路就是 G 中的一条路径,它的任意两条相邻的边一定是一条属于 M,而另一条不属于 M。交错路不一定以 M 中的边开始或终止。对于图 7-1,设匹配 $M = \{(a,e),(b,f),(c,g)\}$,那么路径 $b-f-c-g$ 和 $b-f-c-g-d$ 都是 M-交错路。

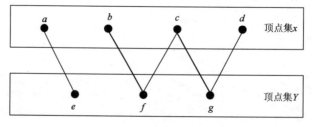

图 7-1 匹配示意图

如果路径仅含一条边,无论该边是否属于匹配 M,该路径一定是一条交错路。如果交错路的起点和终点都没有被匹配,则称这条 M-交错路为 M-可扩路。图 7-1 中 a-e 是一条交错路,由于顶点 a 和 e 都没有被匹配,所以这条路就是一条 M-可扩路。

给定图 G 和 G 中的一个匹配 M,如果对于 G 中的任意匹配 M',都有 $|M'| \leqslant |M|$,那么匹配 M 就是图 G 的最大匹配,也就是说图 G 不能延伸出一个更大的匹配。对于图 7-1 中的匹配来说,由于加上 a-e 边后匹配得到了扩充,所以图 7-1 所示的匹配不是最大匹配。

如果图 G 中的所有顶点都在 M 下相匹配,那么称匹配 M 是 G 的完美匹配。完美匹配中不存在未被匹配的点,由于相匹配的点都是成对出现的,所以存在完美匹配的必要条件是图 G 中的顶点个数必须为偶数。特别地,二部图则要求所有的顶点均分到两个部分中。图 7-1 中所示的二部图毫无疑问不存在完美匹配。完美匹配必然是最大匹配。

给定的赋权二部图 G,且 G 中有多个完美匹配,如果存在一个匹配 M,对于任意的其他匹配 M',都有总权值 $\omega(M) \geqslant \omega(M')$,那么就称匹配 M 为最优匹配。如果匹配的目标是最小权值,最优匹配则是能找到最小总权值的那个匹配。

匹配中包含了几个重要的定理:

Berge 定理:匹配 M 是图 G 的一个最大匹配,当且仅当 G 中不包含 M-可扩路。

Hall 定理:二部图 $G = (X, Y; E)$ 存在完美匹配,当且仅当对于任意的 $S \subset X$,都有 $S \leqslant |N(S)|$,其中 $|N(S)|$ 是 S 的邻接集合。

Konig-Egervary 定理:给定二部图 G 中的一个匹配 M 和一个覆盖 K,如果 $|M| = |K|$,那么 M 是最大匹配,K 是最小覆盖。

7.1.2　求二分图的最大匹配

1. 匈牙利算法

根据 Berge 定理,若匹配 M 中不存在可扩路,那么 M 一定是最大匹配。

那么如何在匹配中找可扩路呢? 人们发现了一个很自然的过程,可以用于在已有的匹配基础上搜索出一条可扩路,这个过程与图的宽度搜索很相似,只不过增加了交替要求,故称这个搜索过程为交替宽度优先搜索。工作方式如下:

(1)从任意一个非匹配节点开始,找到与之未匹配但相连接的所有节点作为下一层节点。

(2)先宽度搜索当前层的所有相连并与当前层匹配性相反的节点,即如果当前为匹配层,则搜索与当前层节点不匹配的节点,反之,则搜索匹配节点。这些节点作为下一层,如此循环直到没有下一层节点为止。

(3)这样形成一棵树,如果存在一条从根节点到非匹配层叶子节点路径名,则该路径就是一条可扩路;如果不存在,则找不到可扩路。

图 7-2 中的可扩路可以通过交替宽度优先搜索得到,从未匹配的 W 点开始,形成一棵交替宽度优先搜索树,如图 7-3 所示,从图中可以很容易地找到一条到另一未匹配点 D 的 W-B-Y-D 路径,这条路径就是原匹配的一条可扩路。

对于图 G 的一个给定的匹配 M 来说,首先看看有几个未匹配点,如果没有或者只有一个,则肯定不会有可扩路,即 M 是最大匹配。如果未匹配点超过一个,就任意取定一个为起点,搜索以另一个未匹配点为终点的可扩路,找到可扩路后,将该路径上的匹配边变为未匹配边,未匹配边变为匹配边,进行调整,调整后继续寻找可扩路。如果找不到可扩路,则该匹配为最大匹配。

对图 7-2b)的可扩路进行调整后得到图 7-4。

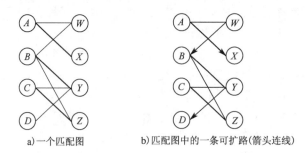

a)一个匹配图　　　　　　　b)匹配图中的一条可扩路(箭头连线)

图 7-2　从匹配中寻找到一条可扩路

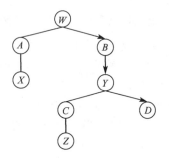

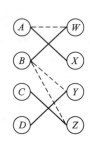

图 7-3　从 W 出发得到的交替宽度优先搜索树　　　　　　图 7-4　调整后的匹配图

图 7-4 中没有未匹配点,为最大匹配。

对于图 7-5 所示的二部图,选初始匹配 $M = (v_2u_2, v_3u_3, v_4u_4)$,寻找增广路,找到一条增广路 $(u_1, v_3, u_3, v_2, u_2, v_1)$,此时匹配 $M = (u_1v_3, u_3v_2, u_2v_1, u_4v_4)$,接着继续寻找增广路,但已经找不到,所以匹配 $M = (u_1v_3, u_3v_2, u_2v_1, u_4v_4)$ 就是最大匹配。

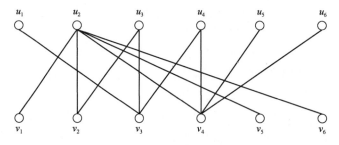

图 7-5　二部图示意图

2. 最大流算法

对于一个二部图 $G = (V_1, V_2; E)$,如果要用最大流来寻找其最大匹配,必须要对二部图进行变形,使之变成网络图的形式。因此,需要在二部图中增加一个源点 v_s 和一个汇点 v_t,并使源点 v_s 和其相邻的顶点集 V_1 中的各个顶点相连接,使汇点 v_t 和其相邻的顶点集 V_2 的各个顶点进行连接,接着把连接在 V_1 和 V_2 之间的无向边 (v_i, v_j) 变成有向弧 (v_i, v_j),并增加有向弧 (v_s, v_i) 和 (v_j, v_t),其中 $v_i \in V_1, v_j \in V_2$,这样便构成新的网络图 $D = (V, A, c)$。二部图的变形图如图 7-6 所示。

如果令网络 D 中的所有弧的容量为 $c_{ij} = 1$,c_{ij} 表示从顶点 v_i 流向顶点 v_j 的流量,寻找二部

图 $G = (V_1, V_2; E)$ 的最大匹配问题,便转化为寻找网络图 $D = (V, A, c)$ 的最大流问题。这是因为,对于二部图 $G = (V_1, V_2; E)$ 的任意一个匹配 M,在网络图 D 中一定存在一个可行流 f 与之对应;反之,对于网络图 D 中的一个可行流 f,在二部图 $G = (V_1, V_2; E)$ 中一定存在一个匹配 M 与之对应;并且满足 $|M| = v(f)$。

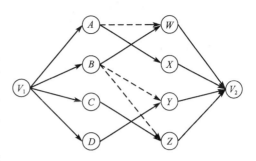

图 7-6 二部图的变形图

对于二部图 $G = (V_1, V_2; E)$,若给边 $E(G)$ 赋予权重,则二部图 $G = (V_1, V_2; E)$ 就变成赋权二部图。那么如何寻找赋权二部图的最大匹配,使得匹配边上的权重总和最小。首先把连接在 V_1 和 V_2 之间的无向边 (v_i, v_j) 修改成有向弧 (v_i, v_j);然后增加一个发点 v_s 和一个收点 v_t,并增加有向弧 (v_s, v_i) 和 (v_j, v_t),其中 $v_i \in V_1$,$v_j \in V_2$。即新构成的网络为 $D = (V, A, c)$。令网络 D 中的所有弧的容量为 $c_{ij} = 1$,对于弧 (v_s, v_i) 和 (v_j, v_t) 赋予单位流量费用(权重)$b_{si} = 0$ 和 $b_{jt} = 0$,其余的弧 $(v_i, v_j) \in A$ 赋予单位流量费用 $b_{ij} \geq 0$。则问题就转化为最小费用最大流问题。

3. 基于顶点度的二部图最大匹配算法

对于一个无向二部图 $G = (V_1, V_2; E)$,一个顶点的顶点度 $d(v)$ 的大小意味着可以与该点匹配的对应顶点有多少,度数越大,说明能与该顶点匹配的顶点越多;反之,说明与该顶点匹配的顶点越少。为了找到最大匹配,希望每次先把选择性较少的顶点给匹配了。这样,就能在最大程度上找到图的最大匹配。

所以在寻找二部图最大匹配时,先对所要寻找的二部图中所有的顶点进行标号 $d(v_1)$,$d(v_2), \cdots, d(v_n)$,表示出它们顶点度的大小,接着选取标号最小的顶点,即这个顶点的顶点度为最小顶点度 $\delta(G)$,如果 $\delta(G)$ 有多个,那么任选一个即可,结果表明任意取最小顶点度 $\delta(G)$ 对最后得出的最大匹配没有影响。选出最小顶点度的顶点之后,再从与 $\delta(G)$ 相对应的 $N(V)^\delta$ 中找出一个顶点度最小的顶点,这两个点组成一个匹配,去掉组成匹配的这两个点之后,从原图的导出子图中再次标号,按上述方法接着寻找满足条件的匹配,直到 V_1,V_2 中有一个为空集为止,这时找出的匹配即要寻找的最大匹配。

对图 7-5,首先表示出各个顶点的顶点度:$[d(u_1), d(u_2), \cdots, d(u_6)] = (1, 5, 2, 2, 1, 1)$,$[d(v_1), d(v_2), \cdots, d(v_6)] = (1, 2, 3, 4, 1, 1)$。按照寻找的原则,从顶点度最小的顶点开始,由于先寻找 V_1 中的最小顶点度和先寻找 V_2 中的最小顶点度其结果都是一样的,这里不妨从 V_2 中寻找最小顶点度。V_2 的顶点度表示如下:$[d(v_1), d(v_2), \cdots, d(v_6)] = (1, 2, 3, 4, 1, 1)$,由于顶点 V_1、V_5、V_6 的顶点度均为 1,不妨先考虑顶点 v_1 的匹配,与顶点 v_1 相连接的顶点为 u_2,则得到匹配 $M = (v_1, v_2)$,求到顶点 v_1、u_2 和与之相关联的边,得到该二部图的导出子图 $G\{V \backslash (v_1, u_2)\}$,重复上述步骤最后得到匹配 $M = (u_1 v_3, u_3 v_2, u_2 v_1, u_4 v_4)$,即为最大匹配。

7.1.3 求二分图的完美匹配

求二分图完美匹配的算法一般采用匈牙利算法。算法的要点是把初始匹配通过可扩路逐次增广,一直得到最大匹配,然后根据有无未匹配点来判定这个最大匹配是否未完美匹配。

例如求图 7-7a) 中的最大匹配,设初始匹配为 $M = \{X_2 Y_2, X_3 Y_3, X_5 Y_5\}$,以未匹配点 X_1 为

根,生成交错路,结果得到可扩路 $X_1Y_2X_2Y_1$,见图 7-7b)。通过可扩路把 M 增广成 $M_1 = \{X_1Y_2,$ $X_2Y_1,X_3Y_3,X_5Y_5\}$,见图 7-7c)。以未匹配点 X_4 为根,生成交错路见图 7-7d),结果未得到可扩路。可见 M_1 是最大匹配,无完美匹配。

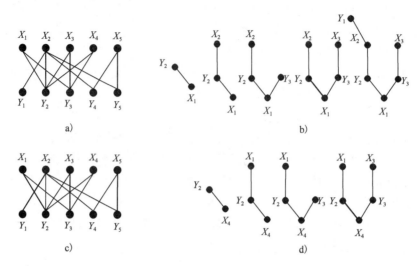

图 7-7 完美匹配计算流程

大学的宿舍管理员每年要为新生分配房间,由于房间都比较小,每一处房间只能住一名学生,房间的数目恰好与学生的数目相同。本着公平互利的原则,学校规定每一个都可以列出自己能够接受的房间选项清单,学生们对房间有不同的喜好。现在以 5 名学生和 5 个房间为例说明,学生和房间分别用不同部分的顶点表示,学生和房间的连线表示可接受的结果,最终用二部图表示,如图 7-8 所示。

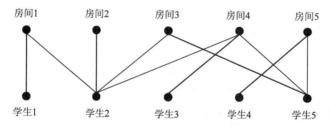

图 7-8 学生对房间的喜好图

这个问题实际上就是求二部图中完美匹配的问题,一个学生最终至多得到一个房间,一个房间也至多容纳一名学生。使用最大匹配算法得出完美匹配为:{(房间 1,学生 1),(房间 2,学生 2),(房间 3,学生 5),(房间 4,学生 3),(房间 5,学生 4)}。

7.1.4 求二分图的最优匹配

所谓最优匹配就是所有可能的完美匹配中权值总和最大的那个匹配。解决这个问题可以用穷举的办法,即计算出所有可能的完美匹配的权重值,从中选择权值最大的那个。但穷举方法的计算量比较大,不可能很快得到结果。

Kuhn-Munkres(简称 KM 算法)就是解决最优匹配的有效算法,基本思路是通过给每个节点赋予一个标号(称作顶标),把求最优匹配的问题转化为求完美匹配的问题来进行求解。

对于 X 集合中的任一顶点 x 和 Y 集合中的任一顶点 y，$W(xy)$ 为权值，满足条件：
$$L(x) + L(y) \geq W(xy)$$
则称 $L(u)$ 是 G 的可行顶标。这个可行顶标是存在的，例如初始时可设：
$$L(x) = \max_{y \in Y} W(xy) \qquad x \in X$$
$$L(y) = 0 \qquad\qquad y \in Y$$
由二部图 G 中所有节点以及满足 $L(x) + L(y) = W(xy)$ 的边所构成的子图 G' 称作图 G 的相等子图。图 7-9 中的 b) 分图就是 a) 分图的相等子图。

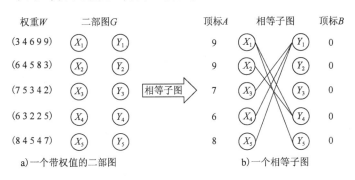

图 7-9　带权二部图的一个相等子图

如果二部图的一个相等子图有完美匹配，那么这个完美匹配就是二部图的最大权匹配。对于二部图的任意一个匹配，如果它包含于相等子图，那么它的边权重之和等于所有顶点的顶标之和；如果它有边不包含于相等子图，那么它的边权重之和小于所有顶点的顶标之和。所以相等子图的完美匹配一定是二部图的最优匹配。

求二分图的最佳匹配，只需用匈牙利算法求取相等子图的完美匹配，即为图的最优匹配。当相等子图无完美匹配时，需要对顶标进行修改，使新的相等子图的最大匹配逐渐扩大，最后出现相等子图的完美匹配。

初始时，为了使 $L(x) + L(y) > W(xy)$ 恒成立，令 $L(x) = \max_{y \in Y} W(xy)$，$L(y) = 0$。如果当前的相等子图不存在完美匹配，则必然不存在可扩路。此时通过交替宽度优先搜索方法，把交替优先搜索树 X 侧节点顶标全都减小某个值 d，Y 侧的节点的顶标全都增加同一个值 d，发现对于 X 侧在交替宽度优先搜索树中，Y 侧不在交替宽度优先搜索树中的边，它的 $L(x) + L(y)$ 的值会有所减少，也就是说，它原来不属于相等子图，现在有可能进入了相等子图，因而可能使相等子图得到扩大，其他情况不会改变相等子图。

现在的问题就是 d 值如何确定，为了使 $L(x) + L(y) \geq W(xy)$ 始终成立，且相等子图至少会扩展一条边，d 应该等于 $\min\{L(x) + L(y) - W(xy) | X_i$ 在交错树中，Y_j 不在交错树中$\}$。

由此 KM 算法的基本流程：

输入：一个二部图。

输出：最优匹配结果。

步骤 1：初始化顶标的值 $L(x) = \max_{y \in Y} W(xy)$，$L(y) = 0$。

步骤 2：得到相应的相等子图，用匈牙利算求该相等子图的完美匹配，如果完美匹配存在，则结束；否则转入步骤 3。

步骤 3：修改顶标值，转入步骤 2。

已知 $K_{5 \times 5}$ 的权矩阵为：

$$G = \begin{array}{c} \\ X_1 \\ X_2 \\ X_3 \\ X_4 \\ X_5 \end{array} \begin{array}{ccccc} Y_1 & Y_2 & Y_3 & Y_4 & Y_5 \\ \left| \begin{array}{ccccc} 3 & 5 & 5 & 4 & 1 \\ 2 & 2 & 0 & 2 & 2 \\ 2 & 4 & 4 & 1 & 0 \\ 0 & 1 & 1 & 0 & 0 \\ 1 & 2 & 1 & 3 & 3 \end{array} \right| \end{array}$$

求最佳匹配，其中 $K_{5,5}$ 的顶点划分为 $X = \{X_i\}, Y = \{Y_i\}, i = 1 \cdots 5$。

变量说明：

   L——可行顶标集合；

   I——修改后的顶标集合；

   G_L——修改顶标的相等子图；

   A_L——顶标的改进量；

   S——G_L 的匹配中，外点的集合，初始时为交错树的根；

   T——G_L 的匹配中，内点的集合，初始时为空；

$N_{GL}(S)$——G_L 中与 S 相邻的顶点集合，显然，若 $N_{GL}(S) = T, G_L$ 无完备匹配。

（1）取初始的可行顶标 $L(u)$ 为：

$L(Y_i) = 0, i = 1, 2, \cdots, 5$；

$L(X_1) = \max\{3, 5, 5, 4, 1\} = 5$；$L(X_2) = \max\{2, 2, 0, 2, 2\} = 2$；

$L(X_3) = \max\{2, 4, 4, 1, 0\} = 4$；$L(X_4) = \max\{0, 1, 1, 0, 0\} = 1$；

$L(X_5) = \max\{1, 2, 1, 3, 3\} = 3$。

（2）确定 G_L 及其上的一个初始匹配 $M = \{X_1 Y_2, X_2 Y_1, X_3 Y_3, X_5 Y_5\}$［图 7-10a)］。

（3）以 $u = X_4$ 为根，求交错树，得 $S = \{X_4, X_3, X_1\}, T = \{Y_3, Y_2\}, N_{GL}(S) = T$，于是：

$$A_L = \min_{X = S, Y = S} \{L(x) + L(y) - W(xy)\} = 1$$

修改顶标：

$I(X_1) = 4; I(Y_1) = 0$；

$I(X_2) = 2; I(Y_2) = 1$；

$I(X_3) = 3; I(Y_3) = 1$；

$I(X_4) = 0; I(Y_4) = 0$；

$I(X_5) = 3; I(Y_5) = 0$。

（4）用修改后的顶标 I 得 G_I 及其上的一个最优匹配。

图 7-10b) 中粗实线给出了一个最优匹配，其最大权是 $2 + 4 + 1 + 4 + 3 = 14$。

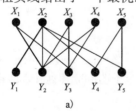

a)

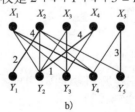

b)

图 7-10　求最优匹配

7.2 支 配 集

对于图 $G = (V, E)$，满足下列条件的顶点集合被称作图 G 的支配集，即 G 的每一个顶点或属于该集合，或至少与该集合的一个顶点相邻。设 S 为图 G 的支配集，若从该集合中任意去掉一个顶点时便破坏它作为图 G 的支配集，则称 S 为图 G 的极小支配集。最小基数的极小支配集称为最小支配集。图 G 的最小支配集 $C_{\min}$ 中的顶点个数 $|C_{\min}|$ 称作图 G 的支配数，符号表示为 $\gamma(G)$ 或简写为 γ。

一个极小支配集不一定是一个最小支配集，但最小支配集一定是一个极小支配集。在一个非空图中，可以找到若干个极小支配集和最小支配集，但支配数是唯一的。

对于图 7-11 所示的无向连通图，容易得到该图的支配集有 (v_1, v_5)、(v_1, v_6)、(v_4)、(v_2, v_3, v_5) 和 (v_2, v_3, v_6) 等，且它们都是极小支配集，其中最小支配集为 (v_4)。图 7-12 和图 7-13 分别表示了同一个图的极小支配集和最小支配集。

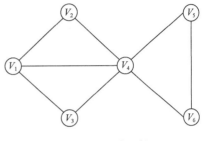

图 7-11 支配集图例

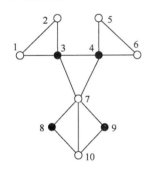

图 7-12 （3，4，7，8）为极小支配集

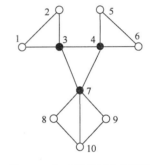

图 7-13 （3，4，7）为最小支配集

求图的最小支配集并不困难，只要采取逐点试探法，最终总能找到极小支配集，比较所有的极小支配集，基数最小就是最小支配集。但是采用此方法，其计算时间复杂度是指数级，在顶点数较大时不可行。往往不得已退而求其次，满足于能快速找到问题的近似最优解，故可采用一些启发式方法或者引入一些智能算法进行求解。

在命题逻辑中，仅由命题变元或其否定所组成的合取式称为质合取式。若干个质合取式的析取式称为析取范式。设有 n 个变元 $P_1, P_2, \cdots, P_n$，则形如 $Q_1 \wedge Q_2 \wedge \cdots \wedge Q_n$ 的命题公式称为由命题变元 $P_1, P_2, \cdots, P_n$ 所产生的小项，其中 Q_i 或为 P_i 或为 $\overline{P_i}$（$\overline{P_i}$ 为 P_i 的否定）。由若干不同的小项所组成的析取式称为主析取范式。

设 u, v, w 是任意三个命题变元，则有下列运算法则：

（1）$v \vee v = v, v \wedge v = v$；

（2）$u \vee v = v \vee u, u \wedge v = v \wedge u$；

（3）$(u \vee v) \vee w = u \vee (v \vee w), (u \wedge v) \wedge w = u \wedge (v \wedge w)$；

（4）$u \vee (v \wedge w) = (u \vee v) \wedge (u \vee w), u \wedge (v \vee w) = (u \wedge v) \vee (u \wedge w)$；

(5)$u \bigvee (u \wedge v) = u, u \wedge (u \bigvee v) = u$。

设图 $G = (V, E)$，其中 $V = \{v_1, v_2, \cdots, v_m\}$，$E = \{e_1, e_2, \cdots, e_n\}$，把 G 的每一顶点 v_i 当作一个命题变元，对 G 的每一顶点 v_i 作逻辑表达式：

$$\varphi_i = v_i \bigvee \sum_{v_j \in Adj(v_i)} v_j$$

其中 $Adj(v_i) = \{v_k / (v_i, v_k) \in E\}$，$\sum$ 表示逻辑求和，即命题变元的析取式。

令：$\psi = \varphi_1 \wedge \varphi_2 \wedge \cdots \wedge \varphi_m$。

定理 1：命题逻辑表达式 ψ 取值为 1，当且仅当它所对应的点集是图 G 的支配集。

推论 1：ψ 的主析取范式中一切小项所对应的点集为图的全部支配集，其中互不包含的基数最小的集合为全部极小支配集。

推论 2：ψ 的析取范式中每一质合取式所对应的点集都是图的支配集，其中互不包含的基数最小的集合为全部极小支配集。

对于图 7-14，有：

$$\begin{aligned}
\psi &= (v_1 \bigvee v_2) \wedge (v_2 \bigvee v_1 \bigvee v_3) \wedge (v_3 \bigvee v_2) \\
&= (v_1 \bigvee v_2) \wedge (v_2 \bigvee v_3) \\
&= (v_1 \wedge v_2) \bigvee (v_1 \wedge v_3) \bigvee (v_2 \wedge v_3) \bigvee v_2 \\
&= [(v_1 \wedge v_2) \wedge (v_3 \bigvee \bar{v_3})] \bigvee [(v_1 \wedge v_3) \wedge (v_2 \bigvee \bar{v_2})] \bigvee \\
&\quad [v_2 \wedge (v_1 \bigvee \bar{v_1}) \wedge (v_3 \bigvee \bar{v_3})] \bigvee [(v_2 \wedge v_3) \wedge (v_1 \bigvee \bar{v_1})] \\
&= (v_1 \wedge v_2 \wedge v_3) \bigvee (v_1 \wedge v_2 \wedge \bar{v_3}) \bigvee (v_1 \wedge \bar{v_2} \wedge v_3) \\
&\quad \bigvee (v_1 \wedge v_2 \wedge v_3) \bigvee (\bar{v_1} \wedge v_2 \wedge \bar{v_3})
\end{aligned}$$

所以，全部支配集为 $\{v_1, v_2, v_3\}$，$\{v_1, v_2\}$，$\{v_1, v_3\}$，$\{v_2, v_3\}$，$\{v_2\}$；全部极小支配集为 $\{v_2\}$，$\{v_1, v_3\}$；最小支配集为 $\{v_2\}$。

对于图 7-15：

$$\begin{aligned}
\psi &= (v_1 \bigvee v_3) \wedge (v_2 \bigvee v_3) \wedge (v_3 \bigvee v_1 \bigvee v_2 \bigvee v_4) \wedge (v_4 \bigvee v_3 \bigvee v_5 \bigvee v_6) \\
&\quad \wedge (v_5 \bigvee v_4 \bigvee v_6) \bigvee (v_6 \bigvee v_4 \bigvee v_5) \\
&= [(v_1 \wedge v_2) \bigvee \bar{v_3}] \wedge [(v_4 \wedge v_5) \wedge v_6] \\
&= (v_1 \wedge v_2 \wedge v_4) \bigvee (v_1 \wedge v_2 \wedge v_5) \bigvee (v_1 \wedge \bar{v_2} \wedge v_6) \\
&\quad \bigvee (v_3 \wedge v_4) \bigvee (\bar{v_3} \wedge v_5) \bigvee (\bar{v_3} \wedge v_6)
\end{aligned}$$

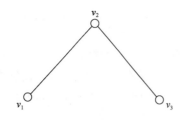

图 7-14　图的支配集

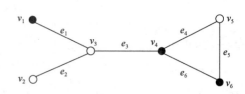

图 7-15　图的极小支配集

所有，全部极小支配集为：$\{v_1, v_2, v_4\}$，$\{v_1, v_2, v_5\}$，$\{v_1, v_2, v_6\}$，$\{v_3, v_4\}$，$\{v_3, v_5\}$，$\{v_3, v_6\}$。

最小支配集为：$\{v_3, v_4\}$，$\{v_3, v_5\}$，$\{v_3, v_6\}$。

并且除了 $\{v_3, v_4\}$ 以外，其他极小支配集都是独立支配集。

同样，可以得到边支配集的一般算法：设图 $G = (V, E)$，其中 $V = (v_1, v_2, \cdots, v_m)$，$E = (e_1,$

$e_2,\cdots,e_m)$，把 G 的每一条边 e_i 当作一个命题变元，对 G 的每一条边作逻辑表达式：

$$\lambda_i = e_i \bigvee \sum_{e_j \in Ad_j(e_i)} e_j$$

式中：$Ad_j(e_i)$——与 e_i 邻接的所有边构成的集合。

令：$\rho = \lambda_1 \wedge \lambda_2 \wedge \cdots \wedge \lambda_n$。

定理 2：命题逻辑表达式 ρ 取值为 1，当且仅当它所对应的边集是图 C 的边支配集。

推论 3：ρ 的主析取范式中一切小项所对应的边集为图的全部边支配集。其中互不包含的基数最小的集合为全部极小边支配集。

推论 4：ρ 的主析取范式中每一质合取范式所对应的边集都是边支配集，其中互不包含的基数最小的集合为全部极小边支配集。

对于图 7-15：

$$\begin{aligned}
\rho &= (e_1 \vee e_2 \vee e_3) \wedge (e_2 \vee e_1 \vee e_3) \wedge (e_3 \vee e_1 \vee e_2 \vee e_4 \vee e_6) \wedge \\
&\quad (e_4 \vee e_3 \vee e_5 \vee e_6) \wedge (e_5 \vee e_4 \vee e_6) \vee (e_6 \vee e_3 \vee e_4 \vee e_5) \\
&= (e_1 \vee e_2 \vee e_3) \wedge (e_4 \vee e_5 \vee e_6) \\
&= (e_1 \wedge e_4) \vee (e_1 \wedge e_5)(e_1 \wedge e_6) \vee (e_2 \wedge e_4)(e_2 \wedge e_5) \vee \\
&\quad (e_2 \wedge e_6) \vee (e_3 \wedge e_4) \vee (e_3 \wedge e_5) \vee (e_3 \wedge e_6)
\end{aligned}$$

所以，全部极小边支配集为：$\{e_1,e_4\}$，$\{e_1,e_5\}$，$\{e_1,e_6\}$，$\{e_2,e_4\}$，$\{e_2,e_5\}$，$\{e_2,e_6\}$，$\{e_3,e_4\}$，$\{e_3,e_5\}$，$\{e_3,e_6\}$。

且每一级小边支配集即为最小边支配集。

7.3　独　立　集

7.3.1　独立集问题

给定一个无向图 $G = (V,E)$，其中 $V = \{1,2,\cdots,n\}$ 是图 G 的顶点集，$E \subseteq V \times V$ 是图 G 的边集。称顶点集 V 的一个子集 $V' \subseteq V$ 为独立集，如果它的任意两个顶点均不相邻，如果一个独立集不是其他任何一个独立集的真子集，则称该独立集为图 G 的极大独立集。称基数为独立集中所含元素的个数，则最大独立集问题就是寻找一个基数最大的独立集，最大独立集的基数一般称之为图 G 的独立数，记为 $a(G)$。

如果给图的每个顶点 $i \in V$ 赋予一个正实数 w_i，称之为权。图的一个顶点集 $V' \subseteq V$ 的权 $W(V')$ 就是指 V' 中所有顶点的权之和。所谓最大加权独立集问题就是在图 G 中寻找一个权和最大的独立集。显然，最大加权独立集问题中的权重均为 1 时就是最大独立集问题，因此最大独立集问题可以看作最大加权独立集问题中的一个特例。例如，图 7-16 中黑色顶点所组成的顶点集就是相应图的最大独立集。图 7-17 中顶点集合 (4,3,1) 是该图的一个独立集，且是最大独立集，但不是最大加权独立集，顶点集合 (5,2) 是独立集，且是最大加权独立集。

最大独立集问题具有简洁的数字模型，令二值向量 $x = (x_1,x_2,\cdots,x_n) \in \{0,1\}$，表示 G 的任意一个子集 V'，即

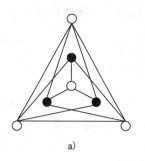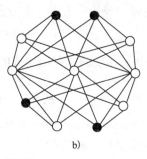

a)   b)

图 7-16　最大独立集问题

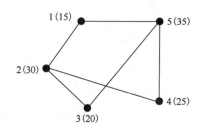

图 7-17　5 顶点加权图（括号内
数字是权值）

$$x_i = \begin{cases} 1 & i \in V' \\ 0 & i \notin V' \end{cases}$$

则最大独立集问题可以描述为：

$$\max \sum_{i=1}^n x_i$$
$$\text{s.t.} \ x_i + x_j \leqslant 1 \qquad \forall (i,j) \in E$$
$$x_i \in \{0,1\} \qquad i = 1,2,\cdots,n$$

需要指出的是，最大独立集问题的数学模型不是唯一的。

7.3.2　求极大独立集的可扩点集法

设图 G 的独立集 $I = \{i_1, i_2, \cdots, i_k\}$，并将 I 中顶点 i_j 同它不相邻的其他所有顶点构成的集合，称为 I 中 i_j 可扩点集，记为 S_j。显然集合 $S = S_1 \cap S_2 \cap \cdots \cap S_k$ 是 G 中包含 I 的极大独立集。

求给定顶点的极大独立集的算法：

步骤 1：任给定独立集 $I = \{i_1, i_2, \cdots, i_m\}$；

步骤 2：对 I 中每个顶点 $i_k, k \in \{1,2,\cdots,m\}$ 分别求出其可扩点集 S_k；

步骤 3：令 $S = S_1 \cap S_2 \cap \cdots \cap S_m$；

步骤 4：输出 S。

S 即为包含独立集 I 的极大独立集。在具体算法实现过程中，可借助于邻接矩阵 $A = (a_{ij n \times n})$。

其中：

$$a_{ij} = \begin{cases} 1 & \text{顶点} v_i \text{邻接顶点} v_j \\ 0 & \text{其他} \end{cases}$$

例如一个 5×5 的邻接矩阵：

$$\begin{vmatrix} 0 & 1 & 0 & 1 & 1 \\ 1 & 0 & 1 & 1 & 0 \\ 0 & 1 & 0 & 0 & 1 \\ 1 & 1 & 0 & 0 & 0 \\ 1 & 0 & 1 & 0 & 0 \end{vmatrix}$$

若给定 $I = \{1,3\}$，现与 $\{1\}$ 不冲突的点集 $S = \{1,3\}$，与 $\{3\}$ 不冲突的独立集为 $S_3 = \{1,3,4\}$，$S = S_1 \cap S_3 = \{1,3\}$，所以最终给定顶点集 I 本身即为一极大独立集。

7.3.3 求最大独立集的局部搜索法

局部搜索法是基于贪婪思想并利用邻域函数进行搜索的,搜索中采用递归的方法来寻找图的最大独立集。当图 G 是零图,即 $|E| = 0$,则图的最大独立集就是 $V = \{v_1,v_2,\cdots,v_n\}$,且 $\alpha(G) = n$;当图 G 是非零图,则需进一步讨论。

第一步:基于贪婪思想在图中选择顶点度最大的顶点 v^*;

第二步:利用邻域函数对图进行分解,将图 G 分解成 $G_1 = G - \{v^*\}$，$G_2 = G - \{v^*\} - \{N(v^*)\}$,其中 $N(v^*)$ 表示 v^* 的邻集,即与 v^* 邻接的顶点;

第三步:重复搜索,分别在图 G_1 和图 G_2 中重复执行第一、二步,直到所有子图中所有顶点的度为零;

第四步:输出结果,在两个分支中得出的独立集进行基数比较,基数最大的为图 G 的最大独立集 MIS。

在图 G 中,$V = \{1,2,3,4,5,6\}$,$E = \{(1,2),(1,6),(2,3),(2,5),(3,4),(4,5),(5,6)\}$,寻找最大独立集的结构图如图 7-18 所示。分别以顶点 2、顶点 4、顶点 6(两次)进行搜索,得出最大独立集 $\{1,3,5\}$。

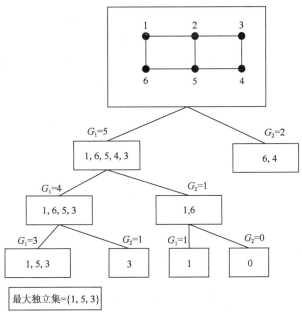

图 7-18　寻找最大独立集结构图

在上述算法的基础上对邻域函数做了修改,得出另一种思路:

步骤1:计算顶点度,找出顶点度最大的顶点v^*;

步骤2:利用邻域函数$NN(v^*)$表示与v^*不邻接的顶点,得出最初解;

步骤3:局部搜索,在$G(v^*)$的图中重复步骤1、步骤2;

步骤4:修改最初解,直到所有顶点度为零结束。

在图G中$d(v_2)=3$,且是最大的,与它不关联的顶点是4和6,这样得出独立集的最初解$\{2,4,6\}$;在去掉顶点v_2的图中,v_4顶点度是2,与它不关联的点是1和6,产生$\{2,4,1,6\}$是矛盾解,所以当前独立集的解仍是$\{2,4,6\}$;在去掉顶点v_4的图中,v_6顶点度是2,与它不关联的点是3,产生$\{2,3,4,6\}$是矛盾解,所有当前独立集的解仍然是$\{2,4,6\}$;在去掉顶点v_6的图中,图中$d(v_1)=d(v_3)=d(v_5)=0$,整个搜索过程结束,得出最大独立集$\{2,4,6\}$。

7.3.4 最大独立集的代数式解法

若将图$G(V,E)$的每一个顶点当作一个命题变元,则$v_i \wedge v_j$,表示包含v_i和v_j两点,从而图G的过v_i和v_j点的边对应$v_i \wedge v_j$,于是设:

$$\begin{cases} v_i \wedge v_j = 1 & \text{当} v_i \text{与} v_j \text{相邻} \\ v_i \wedge v_j = 0 & \text{当} v_i \text{与} v_j \text{不相邻} \end{cases}$$

并作命题表达式:

$$p = \bigvee_{(v_i,v_j) \in E(G)} (v_i \wedge v_j)$$

即p中每一项$(v_i \wedge v_j)$对应G中的一条边,$\vee$是对所有的边求逻辑和,由德·摩根律得:

$$\bar{p} = \bigvee_{(v_i,v_j) \in E(G)} (\bar{v_i} \wedge \bar{v_j})$$

要使$p=0$当且仅当每一个$v_i \wedge v_j$都应为零,即每一个v_i和v_j都互不相邻,即式中的点为独立集,从而有下面的结论。

定理:命题逻辑表达式$p=0(\bar{p}=1)$,当且仅当它对应的点集为独立集。

由命题逻辑值公式,可将$\bar{p}$转化为主析取范式$\bar{p}=Q_1 \vee Q_2 \vee \cdots \vee Q_n$。显然,只要其中任意一项为1,则$\bar{p}=1$,故分别使每一项取逻辑值为1的点都是极大独立集,从而有:

推论:$\bar{p}$的主析取范式中的每一基本积所对应的点集都是独立集,其中互不相交的最大集合为全部的极大独立集。

求如图7-19所示的图G极大独立集。

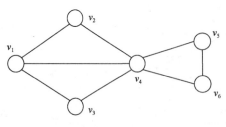

图7-19 图G

$$p = (v_1 \wedge v_2) \vee (v_1 \wedge v_3) \vee (v_1 \wedge v_4) \vee$$
$$(v_2 \wedge v_4) \vee (v_3 \wedge v_4) \vee (v_4 \wedge v_5) \vee$$
$$(v_4 \wedge v_6) \vee (v_5 \wedge v_6)$$

由德·摩根律得:

$$\bar{p} = (\bar{v_1} \vee \bar{v_2}) \wedge (\bar{v_1} \vee \bar{v_3}) \wedge (\bar{v_1} \vee \bar{v_4}) \wedge (\bar{v_2} \vee \bar{v_4}) \wedge$$
$$(\bar{v_3} \vee \bar{v_4}) \wedge (\bar{v_4} \vee \bar{v_5}) \wedge (\bar{v_4} \vee \bar{v_6}) \wedge (\bar{v_5} \vee \bar{v_6})$$

在不至于引起混淆且方便起见,将$\bar{v_i} \wedge \bar{v_j}$直接写成$\bar{v_i}\bar{v_j}$,将$\bar{v_i} \vee \bar{v_j}$写成$\bar{v_i}+\bar{v_j}$,从而:

$$\bar{p} = (\bar{v_1}+\bar{v_2})(\bar{v_1}+\bar{v_3})(\bar{v_1}+\bar{v_4})(\bar{v_2}+\bar{v_4})(\bar{v_3}+\bar{v_4})(\bar{v_4}+\bar{v_5})(\bar{v_4}+\bar{v_6})(\bar{v_5}+\bar{v_6})$$

另有：

$$(\bar{v}_1 + \bar{v}_2)(\bar{v}_1 + \bar{v}_3) = \bar{v}_1\bar{v}_1 + \bar{v}_1\bar{v}_3 + \bar{v}_2\bar{v}_1 + \bar{v}_2\bar{v}_3 = \bar{v}_1 + \bar{v}_1\bar{v}_3 + \bar{v}_2\bar{v}_1 + \bar{v}_2\bar{v}_3 = \bar{v}_1 + \bar{v}_2\bar{v}_3$$

类似地有：

$$(\bar{v}_1 + \bar{v}_4)(\bar{v}_2 + \bar{v}_4) = \bar{v}_4 + \bar{v}_1\bar{v}_2$$

$$(\bar{v}_3 + \bar{v}_4)(\bar{v}_4 + \bar{v}_5) = \bar{v}_4 + \bar{v}_3\bar{v}_5$$

$$(\bar{v}_4 + \bar{v}_6)(\bar{v}_5 + \bar{v}_6) = \bar{v}_6 + \bar{v}_4\bar{v}_5$$

故

$$\bar{p} = (\bar{v}_1 + \bar{v}_2\bar{v}_3)(\bar{v}_4 + \bar{v}_1\bar{v}_2)(\bar{v}_4 + \bar{v}_3\bar{v}_5)(\bar{v}_6 + \bar{v}_4\bar{v}_5)$$

进一步化简，得

$$\bar{p} = \bar{v}_1\bar{v}_4\bar{v}_6 + \bar{v}_1\bar{v}_4\bar{v}_5 + \bar{v}_2\bar{v}_2\bar{v}_4\bar{v}_5 + \bar{v}_2\bar{v}_3\bar{v}_4\bar{v}_6 + \bar{v}_1\bar{v}_2\bar{v}_3\bar{v}_5\bar{v}_6$$

由推论得图 G 的所有极大独立集为 $\{v_2, v_3, v_5\}$，$\{v_2, v_3, v_6\}$，$\{v_1, v_6\}$，$\{v_1, v_5\}$，$\{v_4\}$。

7.4　覆　盖　问　题

7.4.1　最小边的覆盖问题

图 7-20 是一个公路网,图中的顶点看成是一些村庄,每条边看成是一段公路。如果在一段公路上放上一辆消防车,就可以把这段公路两端的两个村庄控制起来了,现问至少用几辆消防车,才能把所有村庄控制住? 这些消防车应该放在哪些公路上?

数学模型:求无向图 $G = [V, E]$ 的一个边集合,这个边集合恰好把图的所有顶点都盖住且含边数最少,这就是所谓的最小边覆盖。

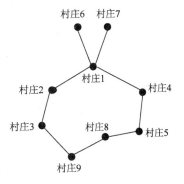

如图 7-20 中,粗边组成的集合就是一个最小边覆盖。5 辆消防车放在这些边对应的公路上,就能把所有村庄控制住。

由于一条边只能盖住两个顶点,因此对于一条有 N 个顶点的图 G 来说,盖住所有顶点的边数不会少于 $N/2$ 条,即最小边覆盖中的边数至少为 $N/2$ 条。

是不是任何图都有最小边覆盖呢? 不一定! 因为只要图中有不和任何边关联的孤立顶点,这个图就不可能有边覆盖

图 7-20　公路网示意图

了。不过很容易看出,只要图 G 没有孤立顶点, G 就一定有边覆盖(因为这时,图中所有边的集合就是一个边覆盖),就可以从图 G 的所有边覆盖中,将含边数最少的边覆盖找出来。

求最小边覆盖的算法的基本思想其实很简单。希望选取尽量少的边把一个图的所有顶点都盖住,第 1 条边不管怎样选,一定恰好盖住两个顶点,第 2 条边如果选得与第 1 条边没有公共端点,就又可以多盖住两个顶点,而如果与第 1 条边有公共端点,实际上只多盖住了一个顶点。一般来说,如果选定了 S 条边,这些边两两都没有公共端点,能盖住的顶点就最多,即盖住了 $2S$ 个,从而选取的边也就可能最少。因此应尽量多选一些两两没有公共端点的边来覆

盖,很自然的应先选取一个最大匹配 M,因为 M 中含两两没有公共端点的边数最多。剩下那些未盖点,想要用一条边盖住两个顶点就不可能了,不得不对一个顶点用一条边来盖。由此得出算法步骤:

求最大匹配 M,得两两没有公共端点的 S 条边

↓

对每一个未盖点任取一条边与之相连,得 $N-2S$ 条边

↓

$M+$ 盖住未盖点的 $N-2S$ 条边为最小边覆盖

对于图 7-20 来说,最大匹配(连边 1-6、连边 2-3、连边 8-9、连边 4-5)得 4 条边,对于未匹配点村庄 7,找到连边 1-7,因此最小边覆盖为 5 条边。

7.4.2 最小顶点覆盖问题

顶点覆盖问题,是指给定一个无向图 $G=(V,E)$,其中 V 为顶点的集合,E 为边的集合,求顶点集 V 的一个子集 S,使得边 $e=(u,v) \in E$,则 $u \in S$ 或 $v \in S$,即图 G 的任意一条边都至少有一个端点属于 S。也就是说,S 中的顶点覆盖了边集 E。

包含顶点数最少的顶点覆盖就是图 G 的最小顶点覆盖,最小顶点覆盖的顶点数称为图 G 的覆盖数。若要求 V 的子集 S 覆盖 E,一种自然的想法是从 E 中任取一条边 $e=(u,v)$,把顶点 u,v 加入到 S,并把 e 从边集 E 中删去,直到 E 为空为止,此时求出的 S 覆盖了 E。

如图 7-21 中黑色顶点所组成的顶点集就是相应图的最小顶点覆盖。

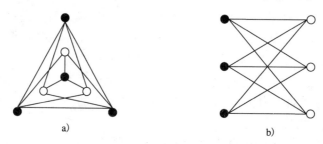

图 7-21 最小顶点覆盖问题示例图

图 7-22 中,集合 {1,2,3,4,5,6} 是图 G 的顶点覆盖,但不满足最小顶点覆盖的条件。{1,2,4}、{1,3,4}、{1,3,5}、{2,3,5} 分别是其最小顶点覆盖,且最小顶点覆盖数为 3。

如图 7-23 所示,{v_1,v_2,v_3,v_4,v_5} 是 G 的一个覆盖,而 {v_2,v_5} 是 G 的最小顶点覆盖。

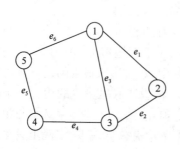

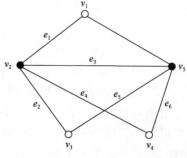

图 7-22 具有 5 个顶点 6 条边的简单图   图 7-23 具有 5 个顶点、7 条边的简单图

7.4.3 最小弱顶点覆盖问题的算法

在网络环境中,顶点的度一般 $deg(v) \geq 2$,所以求解最小顶点覆盖问题可以转化为求解最小弱顶点覆盖问题。最小弱顶点覆盖问题也是求图 G 中顶点集 V 的一个满足特定条件的子集 S,它的可行解可以表示为一个顶点集合,且集合中的顶点不存在顺序关系,所以最小弱顶点覆盖问题也属于子集类问题。

首先给出最小弱顶点覆盖问题的关联矩阵定义,无向图 $G = (V, E)$ 的关联矩阵 $\boldsymbol{A} = (a_{ij})$ 是指如下定义的 $n \times m$ 矩阵:

$$a_{ij} = \begin{cases} 1 & \text{如果顶点} v_i \text{ 与边} e_j \text{ 相关联} \\ 0 & \text{其他} \end{cases}$$

如图 7-24 所示,为某网络拓扑图。

对于图 7-24 中的网络拓扑图,其关联矩阵 $\boldsymbol{A}$ 为:

$$\begin{array}{c c c c c c} & e_1 & e_2 & e_3 & e_4 & e_5 \\ v_1 & 1 & 1 & 0 & 0 & 0 \\ v_2 & 0 & 1 & 1 & 1 & 0 \\ v_3 & 0 & 0 & 0 & 1 & 1 \\ v_4 & 1 & 0 & 1 & 0 & 1 \end{array}$$

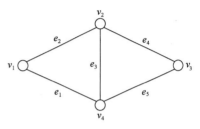

图 7-24 网络拓扑示意图

由网络拓扑图和其关联矩阵可知,对于任何一个有 n 个顶点和 m 条边的无向图 $G = (V, E)$,满足对任意 $v \in V$ 有 $Deg(v) \geq 2$,则整个图 G 都可以用一个 $n \times m$ 的二阶矩阵由 $\{0, 1\}$ 组成,其中每一行表示一个顶点,每一列表示一条边,图中每个顶点对应行中的各个值表示该顶点的邻边情况,1 表示顶点和边存在关联关系,0 则表示不存在关联关系。

近似计算方法如下:

(1)选取一个拥有边数最多的顶点 v_i。

(2)删除关联矩阵中顶点 v_i 对应的行及该行中值为 1 的元素所在列;然后在剩下的关联矩阵中再次删除所有行元素之和不超过 1 的其他行,以及这些行中值为 1 的元素所对应的列,直到不能再删除新的行和列为止。

(3)重复以上步骤,直到所有的边都被包含到。

以图 7-24 为例,对上述近似算法思想进行说明:

(1)计算关联矩阵 $\boldsymbol{A}$ 的每行元素之和 $\sum_{j=1}^{m} a_{ij}$,当 $i = 1, 2, 3, 4$ 时,每行元素之和分别为 2,3,2,3;可知当 $i = 2$ 或 $i = 4$ 时,对应行的元素之和最大,即对应顶点覆盖的边最多,所以可以选取 v_2 或 v_4,假定选取的是顶点 v_2。

(2)删除关联矩阵中 v_2 对应的行及该行中值为 1 的边,即删除的是边 e_2,e_3 和 e_4,最后得到剩下的关联矩阵为:

$$\begin{array}{c c c} & e_1 & e_5 \\ v_1 & 1 & 0 \\ v_3 & 0 & 1 \\ v_4 & 1 & 1 \end{array}$$

（3）在这个关联矩阵中再依次删除所有行元素之和不超过 1 的其他行，如 v_1 和 v_3 行，以及这两行中值为 1 的元素所对应的列，如 e_1 和 e_5 列，最后得到的剩余关联矩阵 $A = 0$。于是得到该近似算法的最小弱顶点覆盖集 $S = \{v_2\}$，即只要一个节点即可得到各条链路的流量。

虽然在此图例中 S 是最优解，但是随着问题规模的扩大，通过此近似算法求解得出的最小弱顶点覆盖集将是一个近似解，而不是一个较优解，更不可能是一个最优解。

第8章　图着色问题

8.1　图着色问题描述

图的着色理论起源于"四色猜想",即在一个平面或球面上的任何地图能够只用4种颜色来着色,使得没有两个相邻的国家着有相同的颜色。后来,人们把国家都看成点,当相应的两个国家相邻时,这两个点用一条线来连接,这样"四色猜想"就转化为图论中的着色问题,即将每一个平面图的点用4种或更少的颜色来着色。

设有 n 个顶点, m 条边的一个图,对图的所有顶点进行着色,要求两个相邻顶点的颜色不同,问最少要几种颜色? 这就是所谓的顶点着色问题。若对图的所有边进行着色,要求同一顶点相关联的边有不同的颜色,问最少需要多少种颜色? 这就使所谓的边的着色问题。

图着色问题有两个方面:一是求图的色数,二是求图的着色方案。这两个问题在实际工作中有很多应用。

图的着色问题的提出具有其实际背景,例如,学生在校学习期间,需要参加考试,假设某个学期某专业有 m 种课程需要考试,对于一个教学班每场只能参加一门课程的考试,如何安排才能使考试的场数最少,这就可以利用图的顶点着色理论来进行求解。还有如物资的存储问题、时间表问题等都可以利用图的着色理论对数学模型进行研究。在现实生活中许多领域都会涉及将某种对象的集合按照一定的规则进行分类的问题,例如排序问题、排课表问题、任务分配等等,都与图着色理论密切相关。

图着色问题可描述为:给定一个图 $G(V,E)$,其中 V 是节点的集合, E 是边的集合。图着色问题就是寻找一个从 V 到自然数集 N 的映射函数 $f: V \rightarrow N$,使得对任意 $(u,v) \in E, f(u) \neq f(v)$ 。设 f 的值域有 k 个元素,则称 f 是 G 的一个 k 着色。

1. 图的顶点着色

图 G 的一个正常 k-顶点染色(简称图的 k-点着色),是指用 $k(1,2,\cdots,k)$ 种颜色对图 G 的各个顶点分配不同的颜色。换句话讲,图 G 的一个正常 k-点染色,就是把顶点集 $V(G)$ 划分成 k 个独立子集的一个分类 $\{V_1, V_2, \cdots, V_k\}$,其中 $V_i(1 \leq i \leq K)$ 是图 G 的独立子集。用 $C(k)$ 表示 k 种颜色集,即 $C(k) = \{1, 2, \cdots, k\}$,图 G 的 k-点染色,就是从 $V(G)$ 到 $C(k)$ 的一个映射 σ ,并且当 $u, v \in V(G)$,且 $u, v \in E(G)$ 时, $\sigma(u) \neq \sigma(v)$ 。

图 G 的全体正常 k-点染色构成的集合通常记为 $C_{vk}(G)$,简记为 $C_k(G)$ 。若 $C_k(G) \neq \Phi$ (空集),即 G 至少有一个正常 k-点染色,就称 G 是 k-点可染色的。图 G 的色数,记作 $\chi(G)$,是

指使图 G 成为 k-点可染色的 k-的最小值。$\chi(G) = k$，则图 G 称为 k-色图。

2. 图的边着色

对于图 G 的任意两条边 E_1, E_2，如果它们两个恰有一个公共顶点，则称这两条边是相邻的。图 G 的正常 k-边染色，记作 f，它是从 G 的边集 $E(G)$ 到颜色集 $C(k)$ 的一种映射，即 $f: E(G) \to C(k)$。并且映射 f 必须满足：当 $e_1, e_2 \in E(G)$，e_1 与 e_2 相邻时，$f(e_1) \neq f(e_2)$。

图 G 的全体正常 k-边染色集记作 $C_{ek}(G)$，简记为 $C_e(G)$。若 $C_{ek}(G) \neq \Phi$，即 G 中至少存在一个正常 k-边染色，则称 G 是 k-边可染色的。图 G 的边色数，记作 $\chi'(G)$，是指使 G 称为 k-边可染色的 k 的最小值。若 $\chi'(G) = k$，则 G 称为 k-边色图。

3. 图的全着色

图 G 的顶点集和边集的并集 $V(G) \cup E(G)$ 中的任意两个元素 x, y 称为是相伴的，如果下列三个条件之一成立：

（1）$x, y \in E(G)$，且 x 与 y 相邻（即边 x, y 相交于一个公共顶点）；

（2）$x, y \in V(G)$，且 x 与 y 相邻（即顶点 x, y 由一条边相连）；

（3）$x \in V(G), y \in E(G)$ 且 $y \in V(G), x \in E(G)$，且 x 与 y 相连。

图 G 的正常 k-全染色，是指用颜色 $C(k) = \{1, 2, \cdots, k\}$ 对 G 的每个顶点和每条边都进行一种分配，使得两个相伴元素分配不同的颜色。换言之，G 的正常 k-全染色是一种从 $V(G) \cup E(G)$ 到 $C(k)$ 的映射 ω，即 $\omega: V(G) \cup E(G) \to C(k)$，当 $x, y \in V(G) \cup E(G)$ 且 x 与 y 相伴时，$\omega(x) \neq \omega(y)$。

图 G 的全体正常 k-全染色记作 $C_{fk}(G)$，简记为 $C_f(G)$。若 $C_{fk}(G) \neq \Phi$，则称图 G 是 k-全可染色的。图 G 的全色数，记作 $\chi_T(G)$，是指使 G 成为 k-全可染色的 k 的最小值。若 $\chi_T(G) = k$，则 G 称为 k-全色图。

多数智能算法在求解图着色问题上都取得了一定的进展，主要包括穷举搜索法、回溯法、贪心算法、蚁群算法、遗传算法、神经网络算法、禁忌搜索算法以及模拟退火算法等。这些算法中，穷举搜索法和回溯法属于精确算法，它们的搜索空间极为复杂繁琐，因此只适用于求解小规模的图着色问题。贪心算法、蚁群算法、遗传算法、神经网络算法、禁忌搜索算法以及模拟退火算法均属于近似算法，这类算法不一定能找到最优解，但通常找到的是比较好的解，尤其在处理大规模的图着色问题时，近似算法比精确算法的求解效率更高。

8.2　穷举搜索法

穷举搜索法的基本思想是对所有可能的解逐一进行列举和检验，然后从中选择符合要求的解。这是求解图着色最简单，也是最费时的一种求法。优点是所求得的解一定是全局最优解，缺点是时间复杂度达到指数级，因此只适用于顶点数较少的图着色问题。

常用的 Welch-Powell 算法步骤如下：

步骤 1：将图 G 中的顶点按照度数的递减次序进行排列，令颜色号 $k = 1$；

步骤 2：按排列次序，寻找目前尚未着色的第一个顶点 v，用第 k 种颜色对顶点 v 着色，并且按排列次序，对与本轮着色点不邻接的且尚未着色的点着上同样的颜色；

步骤3:若所有顶点都已着色,算法结束,图 G 的色数即为 k;否则 $k=k+1$(取下一种颜色),转步骤2。

用 Welch-Powell 着色法对图 8-1 着色。

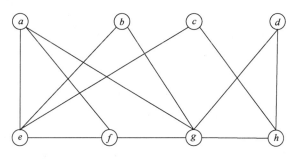

图 8-1 图着色示意图

图 8-1 的邻接矩阵如下:

$$
\begin{vmatrix}
0 & 0 & 0 & 0 & 1 & 1 & 1 & 0 \\
0 & 0 & 0 & 0 & 1 & 0 & 1 & 0 \\
0 & 0 & 0 & 0 & 1 & 0 & 0 & 1 \\
0 & 0 & 0 & 0 & 0 & 0 & 1 & 1 \\
1 & 1 & 1 & 0 & 0 & 1 & 0 & 0 \\
1 & 0 & 0 & 0 & 1 & 0 & 1 & 0 \\
1 & 1 & 0 & 1 & 0 & 1 & 0 & 1 \\
0 & 0 & 1 & 1 & 0 & 0 & 1 & 0
\end{vmatrix}
$$

顶点数 $n=8$,顶点 $a-h$ 的度分别为 3,2,2,2,4,3,5,3。

(1)将图 G 中的顶点按照度数的递减次序进行排列(g,e,a,f,h,b,c,d),令颜色号 $k=1$;

(2)按排列次序,寻找目前尚未着色的第一个顶点 g,用第 1 种颜色对顶点 g 着色,并且依次对与本轮着色点不邻接的且尚未着色的点 e 着上同样的颜色;

(3)按排列次序,寻找目前尚未着色的第一个顶点 a,用第 2 种颜色对顶点 a 着色,并且依次对与本轮着色点不邻接的且尚未着色的点 h、b 着上同样的颜色;

(4)按排列次序,寻找目前尚未着色的第一个顶点 f,用第 3 种颜色对顶点 f 着色,并且依次对与本轮着色点不邻接的且尚未着色的点 c、d 着上同样的颜色。

所有顶点都已着色,算法结束,图 G 的色数即为 3,见表 8-1 所示。

用 Welch-Powell 着色法得到的 3 种着色方案 表 8-1

顶点	a	b	c	d	e	f	g	h
颜色	2	2	3	3	1	3	1	2

Welch-Powell 算法时间性能较好,其最坏情况下时间复杂度 $T(n)=0(m \times n \times n)$,其中 n 为 G 的顶点数,m 为所使用的颜色数。实验表明,此算法得到的 m 为色数 $\gamma(G)$ 的一个较好的上界,$m \geqslant \gamma(G)$,算法不保证 m 等于色数 $\gamma(G)$。

8.3 回 溯 法

具有限界函数的深度优先生成法称为回溯法,回溯法可以求出全部可行解。算法以深度优先方式搜索解空间,并在搜索过程中用限界函数进行剪枝,避免无效搜索,以减少问题的计算量。

回溯法主要应用了数据结构中树结构的特点来构造问题的解空间,采用深度优先搜索,对树的每个节点进行判断,确认该节点是否可以作为问题的解,如果可以,则继续搜索下一个节点;否则终止对该节点子树的搜索过程而退回到根节点。该算法本质上也是一种穷举法,只是搜索空间大大减少,适合于求解组合数较大的问题。

具有 n 个节点的图的一种 m 着色,可用向量$(c_1, c_2, \cdots, c_n)$来表示,$0 \leqslant c_i \leqslant m$,$i$ 表示节点号,0 表示没有着色。

例如,$(1, 2, 2, 1, 3)$表示一个有 5 个节点的图的着色。其中节点 1 的着色为 1,节点 2 的着色为 2,$\cdots$,节点 5 的着色为 1。(1)、$(1, 2)$、$(1, 2, 2)$、$(1, 2, 2, 1)$是不完全着色,称为求解过程中的部分解。

一个具有 n 个顶点的图的 m 着色有 m^n 种可能(合法的和非法的),可用一棵完全 m 叉树来表示,称之为搜索树。在这棵树中,从根节点到叶节点的每一条路径代表一种着色方案。图 8-2 是含有 3 个顶点的 3 着色的解空间树。

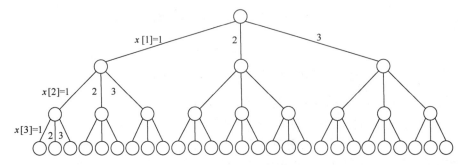

图 8-2 解空间树

回溯法是通过每次增加一个节点来寻求解。

(1)如果从根节点到当前节点的路径长度等于节点数 n,并且是一个合法着色,则过程停止(除非要求获得多个解)。

(2)如果这条路径小于 n,并且相应的部分着色是合法的,那么就生成现节点的子节点,并将该子节点标记为现节点。

(3)如果对应的路径不是部分解,那么现节点标记为死节点,并生成对应于另一种颜色的新节点。如果所有的 m 种颜色都试过且没有成功,就回溯到父节点,改变父节点的颜色。

(4)依次类推,直至有解或无解。

(5)若回溯到根节点,所有的 m 种颜色都试过且没有成功,说明问题无解。

选择合适的搜索顺序,可以使得上界函数更有效地发挥作用。例如,在搜索之前可以将顶点按度排序,这在某种意义上相当于给回溯法加入了启发性。

在一般情况下,依照顶点度降序排列的策略依次选择顶点的方法性能最优,而依照顶点度升序排列的策略依次选择顶点的方法性能最差,接近复杂度的理论上限。而按随机顺序选择顶点,性能介于两者之间。

对于图8-1,8 个节点拟用 3 种颜色着色。按节点度排序后,先给节点 g 着色 1 可行。接着的点 e,依次判断 3 种颜色的可行性,第一种就可行,着色 1。接着的 a 点,着色 1 不可以,着色 2。节点 f,着色 1 和 2 不可以,着色 3。依次 h 着色 2、b 着色 2、c 着色 3、d 着色 3。最后着色结果与 Welch-Powell 算法所求出的解完全相同。

依照顶点度降序排列的算法求出第一组解所需的运算次数与 Welch-Powell 算法接近,其第一组解与 Welch-Powell 算法所求出的解完全一致。

8.4 极小覆盖算法

极大独立集与极小覆盖集具有互补性,因此求出极大独立集,相应地就能找到极小覆盖集;反过来,如果求出极小覆盖集,从而可以求出极大独立集。

求极小覆盖的逻辑算法如下:

(1)算法的基础是极小覆盖的如下性质:当且仅当对于 G 的每一个顶点 V,或者 V 属于 K,或者 V 的所有相邻顶点属于 K,并且二者不能同时成立时,K 是极小覆盖。

(2)算法的程序是:对于 G 的每一个顶点 V,选择 V 或者选择 V 的所有相邻顶点加入 K。

(3)利用逻辑代数方法可以有效执行上述程序。逻辑代数中的"和"(+)运算和"积"(·)运算分别相当于集合中的"或"(∪)运算和"交"(∩)运算。

针对一个化学制品存放问题的数学模型,问题的提出:一家公司生产若干种化学制剂,其中某些制剂之间是互不相容的,如果放在一起可能发生化学反应,引起危险。因此公司必须把仓库分成互相隔离的若干区,以便把不相容的制品分开存放,问至少要划分多少小区,怎样存放才能保证安全。

设只有 7 种化学制品,用 a,b,c,d,e,f,g 表示,其中不能放在一起的是:(a,b)、(a,d)、(b,c)、(b,e)、(b,g)、(c,d)、(c,e)、(c,f) (d,e)、(d,g)、(e,f)、(f,g)。

用图 8-3 来表示实例中这些制剂以及它们之间关系,顶点用 $v_1,v_2,\cdots,v_7$ 表示,代表 a,b,c,d,e,f,g 7 种化学制品,把不能放在一起的两种制品用顶点之间的边连接起来。

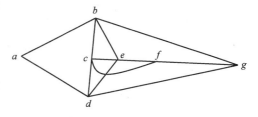

图8-3 表征制剂的关系图

极小覆盖的逻辑算式为:

$$(a + bd)(b + aceg)(c + bdef)(d + aceg)(e + bcdf)(f + ceg)(g + bdf)$$

利用逻辑代数运算规律化简为:

$$aceg + bcdef + bdef + bcdf$$

于是得全部极小覆盖为:

$$(a,c,e,g)、(b,c,d,e,g)、(b,d,e,f)、(b,c,d,f)$$

由极大独立集与极小覆盖集之间互补的关系,得到图 8-3 的所有极大独立集:(b,d,f), (a,f),(a,c,g),(a,e,g) 包含顶点数目最多的独立集称为极大独立集,其中的顶点数目称为独立数,显然这里 $\alpha(G)=3$。

任取一极大独立集,如 $S_1=(b,d,f)$,给它染上第一种颜色;再利用上述方法找出 $G|S_1$ 的全部极大独立集,不难知道它们是 (a,c,g),(a,e,g),给 $S_2=(a,c,g)$ 染上第二种颜色;$G|S_1|S_2$ 就只剩下顶点 e 了,于是给 e 染上第三种颜色。可见,这里 $\chi(G)=3$。

于是化学制品的存放问题相应就解决了,即至少要把仓库划分为 3 个小区,可以将 b、d、f 3 种制品,a、c、g 3 种制品与制品 e 分开存放。

8.5 集 合 算 法

对无向图 $G=(V,E)$ 的顶点 V 进行染色所用最少的颜色数目 $x(G)$,称为图 G 的色数。

引理 1:若无向图 $G=(V,E)$,$d=\max\limits_{v_i \in V}\{d(v_i)\}$(其中 d 是图 G 的顶点度的最大值),则有 $x(G) \leq d+1$。

设有无向图 $G=(V,E)$,d 是图 G 的最大度,由引理 1 可知:最多用 $d+1$ 种颜色对其进行染色就足够了。

记用于染色的颜色集合为 $x=\{x_0,x_1,\cdots,x_d\}$(注:可能不一定用那么多种颜色),可以设想当对图 G 某个顶点 v 染色时,图 G 的顶点集 $V(G)=\{v_0,v_1,v_2,\cdots,x_{n-1}\}$(记为 D)分为两个互不相交的点集:一个是已染颜色的顶点集(记作 D_x),另一个是未染颜色的顶点集(记作 D_x^-)。其中 D_x^- 又可以分为两个互不相交的顶点集:一个是与顶点 v 相邻的(记作 D_v),另一个是与顶点 v 不相邻的(记作 D_v^-)。这时有:$D=D_x+D_x^-=D_x+D_v+D_v^-$。

为了求出图 G 的色数 $x(G)$,设 $D_x^-=D$,$D_x=\varphi$,$P_i=\varphi(i=0,\cdots,d)$,(其中 P_i 为用颜色 X_i 所染的顶点的集合),从 $x=\{x_0,x_1,\cdots,x_d\}$ 中选取颜色 x_0 对图 G 的任一顶点 v 进行染色(记作 $x_0:v$),这时由于顶点 v 已染色,把 v 加入到点集 D_x 中,即 $D_x \leftarrow D_x+D_v^-$,$P_0 \leftarrow P_0+\{v\}+D_v^-$,$D_x^-=D|D_x$,这时完成用颜色 x_0 对图 G 进行最大可能的染色。

令 $i=1$,对 $\forall v \in D_x^-$,从 $x=\{x_0,x_1,\cdots,x_d\}$,取颜色 x_i 对 v 染色(记作 $x_i:v$),$D_x \leftarrow \{v\}D_x$,$D_x^- \leftarrow D|D_x$,考察点集:$D_x^- \cap D_v^-$,它表示的是与 v 不相邻且未被染色的顶点集,显然可以用颜色 x_i 对其进行染色(记作 $x_i:D_x^- \cap D_v^-$),并且保证了颜色 x_i 的最大可能染色,$D_x \leftarrow D_x+D_v^- \cap D_v^-$,$D^{-x} \leftarrow D|D_x$,$i \leftarrow i+1$。

重复,直到 $D_x=D$ 完成对图 G 的所有顶点进行染色,并且知 $x(G)=i$,P_i 是颜色 x_i 所染色的顶点集。

综上所述,可以得到图 G 的顶点染色的算法:

设有无向图 $G=(V,E)$,$d=\max\limits_{v_i \in V}\{d(v_i)\}$,用于染色的颜色集为 $x=\{x_0,x_1,\cdots,x_d\}$,图 G 的顶点集为 $V(G)=\{v_0,v_1,v_2,\cdots,v_{n-1}\}$,$P_i=\varphi(i=0,\cdots,d)$。

步骤 1:设 $D_x^-=D$,$D_x=\varphi$,$i=0$,取 $x_0 \in x$,$\forall v \in D_v^-$,$x_0:v$,$D_x \leftarrow \{v\}+D_x$,$x_0:D_v^-$,$D_x \leftarrow D_x+D_v^-$,$D_x^- \leftarrow D|D_x$,$P_0 \leftarrow P_0+\{v\}+D_v^-$,$i \leftarrow i+1$。

步骤 2:$\forall v \in D_x^-$,取 $x_i \in x$,$x_0:v$,$D_x \leftarrow \{v\}+D_x$,$D_x^- \leftarrow D|D_x$,$x_0:D_x^- \cap D_v^-$,$D_x \leftarrow D_x+D_x^- \cap$

$D_v^-, P_i \leftarrow P_i + \{v\} + D_x^- \cap D_v^-, i \leftarrow i + 1$。

步骤3:若 $D_x = D$,则转步骤4,否则转步骤2。

步骤4:将各顶点的颜色输出,停止。

如图8-4所示,$G = (V, E)$ 一个无向图,已知图的最大度为:$d = 5$,设 $D_x^- = \{v_1, v_2, \cdots, v_7\}$,用于染色的颜色集为 $x = \{x_0, x_1, \cdots, x_5\}$,$P_i = \varphi(i = 0, \cdots, 5)$,$D_x = \varphi, i = 0$。

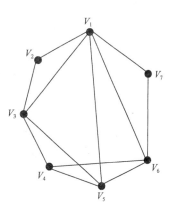

步骤1:取 $x_0 \in x$,任选一顶点如:$v_1, x_0:v_1, D_x = \{v_1\}, D_{v_i}^- = \{v_4\}, x_0:D_v^-, D_x = \{v_1, v_4\}, D_x^- = \{v_2, v_3, v_5, v_6, v_7\}, P_0 = \{v_1, v_4\}, i = 1$;

步骤2:取 $v_2 \in D_x^-, x_0:v_2, D_x = \{v_1, v_2, v_4\}, D_x^- = \{v_3, v_5, v_6, v_7\}, D_x^- \cap D_{v_i}^- = \{v_5, v_6, v_7\}, x_1:\{v_5, v_6, v_7\}, D_x = \{v_1, v_2, v_4, v_5, v_6, v_7\}, D_x^- = \{v_3\}, P_1 = \{v_2, v_5, v_6, v_7\}, i = 2$;

步骤3:$\because D_x \neq D$,转步骤2,取 $v_3 \in D_x^-, D_x = \{v_1, v_2, \cdots, v_7\}, x_2:x_3, D_x = \varphi, D_x^- \cap D_v^- = \varphi, P_2 = \{v_3\}, i = 3$;

图8-4 无向图算例

步骤4:$D_x = D$;

步骤5:颜色 x_0 所染的顶点集为:$P_0 = \{v_1, v_4\}$,颜色 x_1 所染的顶点集为:$P_1 = \{v_2, v_5, v_6, v_7\}$,颜色 x_2 所染的顶点集为:$P_2 = \{v_3\}$,图 G 的色数 $x(G) = i = 3$。

8.6 近似算法

近似算法一般情况下找到的是比较好的解,而不一定是最优解,因此称其为近似最优解。该类算法解决了原有精确算法搜索的指数爆炸问题,能更有效地应用于解决较大规模的图着色问题。

1. 贪心算法

先选取颜色1,从图中任意顶点开始,依次对未着色的顶点进行着色,直到不存在能着色颜色1的顶点为止,再选取颜色2进行着色。该算法的优点是实现简单;缺点是对于顶点数规模较大的图着色问题,寻优度较差。所以在实际应用中很少单独使用,通常用其来获得作为求初始解,再结合其他算法进行寻优。

2. 禁忌搜索算法

对给定的图,先计算每个顶点的度数,并为度数最大的顶点着一种颜色,然后去掉该顶点后,重新计算图中其他顶点的度数,重复此过程,直到图中剩余顶点不再有边关联时终止算法操作。该算法的优点是可以避免陷入局部最优解,缺点是对初始解有较强的依赖性。

3. 模拟退火算法

将给定图的顶点集划分一个初始解空间,针对该初始解空间以及着色时所用的每种颜色的权值设定相应的目标函数 $f(x)$,这样就可以将图着色问题转换为求目标函数最大值(或最小值)的问题。对目标函数给予一个温度 T 值扰动,对所产生的新的目标函数值进行判断是否接受这一新解。在算法运行的过程中，T 值会逐渐减少，从而减小接受较差解的概率。该算法的优点是避免了对初值较大的依赖性，且不会陷入局部寻优；缺点是很难达到全局收敛的效果。

4. 蚁群算法

用 m 只蚂蚁对 n 个顶点的图进行着色，用 $allowed_i^k$ 表示蚂蚁 k 给顶点 v_i 着色时在已着色集中的可行着色集，它在每只蚂蚁开始遍历时都为空集，可行着色数为从用过的颜色集合中选出的符合对 v_i 着的所有颜色集合；对 v_i 着色时先判断 $allowed_i^k$ 是否为空集，若不为空集，则按概率 p_{ij}^k 给 v_i 着 c_j 色，若为空集，则 $Numc = Numc + 1$，给 v_i 着 c_{Numc} 色，并将 c_{Numc} 移入已用的颜色集中。其优点是具有系统学特征，包括自组织性和并行计算特征，且引入正反馈机制，缺点是时间负责度比较高和容易出现停滞现象。

5. 遗传算法

用一定的编码方式对图着色问题进行编码，产生遗传算法的初始染色体，然后用一定的适应度函数对该染色体进行评价，再根据设计好的遗传算子进行交叉、变异等操作，直到满足一定条件终止算法，得到较好的解。该算法的优点是有较好的全局快速收敛性，缺点是编码不规范或者编码表示的不准确，且对该算法的精度、可信度、计算复杂度等方面还没有有效的定量分析方法。

6. 多种算法进行融合

将遗传算法与禁忌搜索算法相结合，加速了图着色的收敛；将遗传算法与贪心算法相结合，降低运算量，提高了运算速度，但在对顶点数较多的图进行着色时得到的是较优解；将启发式搜索算法与蚁群算法相结合，有效避免了启发式搜索易陷入局部极小的缺陷。

第9章　网络选址问题

9.1　选址问题分类

选址问题在生产生活、物流、区域规划甚至军事中都有着非常广泛的应用,如工厂、仓库、急救中心、消防站、垃圾处理中心、物流中心、大型商场、超市、导弹仓库的选址等,跨越经济、政治、社会、管理、心理及地质工程等多门学科。对于决策者,选址是最重要的长期决策之一,选址的好坏直接影响设施的服务方式、服务质量、服务效率、服务成本等,从而影响企业利润和市场竞争力,甚至决定了企业的命运。好的选址会给人民的生活带来便利,降低成本,扩大利润和市场份额,提高服务效率和竞争力;差的选址往往会带来很大的不便和损失,甚至是灾难。所以,选址问题的研究有着重大的经济、社会和军事意义。

选址问题是指在一定区域内选择一个或几个服务设施的建设位置,使得在满足一定条件下达到最优的目标。这类问题在规划建设中经常可以碰到。所谓服务设施,可以是某些公共服务设施,如医院、消防站等,也可以是生产服务设施,如仓库、转运站等等。区域则可以通过网络形式来表示服务设施所服务的范围及其关联关系。

可以认为,选址问题,就是把服务设施与服务对象,反映于统一的网络中,以便用网络的关系进行研究。尽管对选址的目标、要求有不同的评判标准,但是要求服务对象与服务设施之间易于沟通、易于达到、节省费用,则是共同的。

不同的评价标准会有不同的分类方式,总的来说有以下几种:

(1)离散选址和连续选址。针对网络选址,当服务设施候选地点被限制在网络节点上时,这样的网络选址问题称为离散选址问题,又称顶点选址问题。当服务设施候选地点可以在网络节点或边上的任何位置时,这样的网络选址问题称为连续选址问题,也称绝对选址问题。

(2)带固定费用的选址问题和不带固定费用的选址问题。根据选址模型中是否考虑服务设施的建造成本来分类,当选址问题中要考虑服务设施建造的初始成本时称为带固定费用的选址问题;否则称为不带固定费用的选址问题。

(3)带容量限制的选址问题和不带容量限制的选址问题。根据服务设施的容量或服务能力是否受某种限制来分类。选址问题中的服务设施的服务能力是有限制的选址问题称为带容量限制的选址问题。否则,选址问题中的服务设施的服务能力是无限的,或不需要考虑它的限制时的选址问题称为不带容量限制的选址问题。

(4)静态选址问题和动态选址问题。根据输入变量是否随着时间的不同而变化来分类。当设施建造成本、需求点的需求量、服务设施的服务能力等输入变量在整个规划期内是不变时,称为静态选址问题。否则,当这些输入变量在不同时期有所变化时,称为动态选址问题。

(5)确定型选址问题和概率选址问题。根据输入数据是确定的,还是服从某种随机分布概率而变化进行分类。当设施建造成本、需求点的需求量、服务设施的服务能力等输入变量是确定常量时,称为确定型选址问题。否则,当这些输入变量是服从某种随机分布概率而变化时的选址问题称为概率选址问题。

(6)单目标选址问题和多目标选址问题。根据目标函数是一个还是多个进行分类,研究多个因素之间的悖反规律。当选址问题要考虑多个目标,要分析不同目标之间的悖反规律时,称为多目标选址问题;否则称为单目标选址问题。

(7)竞争选址问题和垄断选址问题。根据建造服务设施是否有同行业竞争来分类。选址决策时没有同行业竞争对手或不考虑竞争对手的选址问题称为垄断选址问题;否则称为竞争选址问题。

9.2　网络选址模型

9.2.1　p-median 问题

p-median 问题,即 p-中位问题,是研究如何为 p 个服务设施选址,使得需求点和服务设施之间的距离与需求的乘积之和最小,即加权距离最小化。p-median 这类网络连续选址问题可以简化成离散选址问题,不会影响目标函数的最优值。

p-median 问题用数学模型表示如下:

i:需求点;

j:建设服务站的候选点;

h_i:需求点 i 的需求量;

d_{ij}:需求点 i 到候选点 j 的距离;

p:待建服务站的数量;

$X_j = \{0,1\}$:若在候选点 i 处建设服务站,则值为 1,否则为 0;

$Y_{ij} = \{0,1\}$:若需求点 i 能够被建设在 j 处的服务站覆盖,则值为 1,否则为 0。

目标函数是需求点到服务站候选点的加权距离之和最小:

$$\text{Min}imize \sum_i \sum_j h_i d_{ij} Y_{ij}$$

$$
\begin{aligned}
s.t. \quad & \sum_j X_j = p \\
& \sum_j Y_{ij} = 1 && \forall i \\
& Y_{ij} - X_j \leqslant 0 && \forall i,j \\
& X_j \in \{0,1\} && \forall j \\
& X_{ij} \in \{0,1\} && \forall i,j
\end{aligned}
$$

9.2.2　p-center 问题

p-c.enter 问题也称 Minmax 问题,是考虑如何在网络中为 p 个服务站选址,使得任意需求点到距离该需求点最近的服务站的最大距离最小问题。如果将建设服务站的候选点的位置限制在网络节点上,则问题是一种"顶点中心问题";如果不对服务站建设的位置作限制,则问题是一种"绝对中心问题"。其中,顶点中心问题可以用数学模型表示如下:

i:需求点的集合;

j:服务站候选点的集合;

d_{ij}:需求点 i 到候选点 j 的距离;

p:待建服务站的数量;

D:需求点到距离该需求点最近的服务站的最大距离;

$X_j = \{0,1\}$:若在候选点 j 处建设服务站,则值为 1,否则为 0;

$Y_{ij} = \{0,1\}$:若需求点 i 处的需求被建设在 j 处的服务站满足,则值为 1,否则为 0。

目标函数表示使得任意一个需求点到距离该需求点最近的服务的最大距离最小:

$$\text{Minimize} D$$

$$s.\,t. \quad \sum_j X_j = p$$

$$\sum_j Y_{ij} = 1 \qquad \forall i$$

$$Y_{ij} - X_j \leqslant 0 \qquad \forall i,j$$

$$D \geqslant \sum_j d_{ij} Y_{ij} \qquad \forall i$$

$$X_j \in \{0,1\} \qquad \forall j$$

$$X_{ij} \in \{0,1\} \qquad \forall i,j$$

9.2.3　覆盖问题

对覆盖问题的研究分为两类,即:集覆盖问题和最大覆盖问题。

集覆盖问题最早由 Toregas(1971 年)提出,是研究在满足覆盖所有需求点的前提下,使得总的建设服务站个数或建设成本最小化的问题。集覆盖问题最早提出时,是用于解决消防中心和救护车等的应急服务设施的选址问题,要在一个城市若干个消防队服务站,使得全城内的每一栋建筑物都能在某个消防队的规定车程时间内。

集覆盖问题用数学模型表示如下:

i:需求点;

j:建设服务站的候选点;

c_j:在候选点 j 建立服务设施的固定成本;

S:可接受的最远服务距离或时间;

N_i:能够被建设在 j 处的服务设施的需求点集合,如 $N_i = \{j \,|\, d_{ij} \leqslant S\}$;

$X_j = \{0,1\}$:若在候选点 j 处建设服务站,则值为 1,否则值为 0。

目标函数表示最小化服务设施的建设成本。若假设所有服务设施的初始建设成本 C_j 相同,则目标函数可以理解为求最少的设施数量,约束表示所有的需求点能被至少一个服务站在可接受范围内进行服务。

$$\text{Minimize} \sum_j c_j X_j$$

$$s.\,t. \quad \sum_{j \in N_i} X_j \geqslant 1 \qquad \forall i$$

$$X_j = \{0,1\} \qquad \forall j$$

在现实中的大多数情形下,资源的数量是有限制的,不可能实现覆盖所有需求点,这时候的目标就转向满足覆盖大多数需求点,这就引出了最大覆盖问题。最大覆盖问题是研究在服务站的数目和服务半径已知的条件下,如何设立有限数量的 p 个服务站,使得可接受服务的需求量最大的问题。

最大覆盖问题可以用数字模型表示如下:

h_i:需求点 i 的需求量;

p:待建服务站的数量;

$Z_i = \{0,1\}$:若需求点 i 被覆盖,则值为 1,否则值为 0;

$X_j = \{0,1\}$:若在候选点 j 处建设服务站,则值为 1,否则值为 0。

目标函数表示最大化覆盖需求点的需求量:

$$maximize \sum_i h_i Z_i$$

$$s.t. \quad Z_i \leqslant \sum_{j \in N_i} X_j \; \forall i$$

$$\sum_j X_j \leqslant p$$

$$X_j \in \{0,1\} \qquad \forall j$$

$$Z_i \in \{0,1\} \qquad \forall i$$

9.2.4 截流问题

针对日常路线上产生的过路需求,截流问题研究了需求路线及需求流量确定的条件下,给定服务设施的数目,如何在网络中选址使通过服务设施的需求量总和达到最大的截流问题,并建立此类问题的基本模型。

假设:①网络中每条线路上的顾客流量是一定的;②顾客只接受一次服务,而不论顾客流经过几个服务设施;③每条线路上的顾客流均在同一服务设施接受服务;④顾客流只能被建设在所经过的路径上的服务设施服务;⑤服务设施的容量没有限制。

V:网络中所有节点的集合,其中 $v_i \in V$;

A:网络中所有边的集合,其中 $a_i \in A$;

Q:通过的交通流量不为 0 的所有线路的集合,其中 $q \in Q$;

f_q:第 q 条线路上的交通流量;

V_q:第 q 条路线上的节点的集合;

p:待建设充电站的数量;

$X_j = \{0,1\}$:若在第 v_j 个节点上建服务站,则值为 1,否则值为 0;

$y_q = \{0,1\}$:若在第 q 条线路上至少建设一个服务设施,则值为 1,否则值为 0;

目标函数表示使得能够被服务设施所服务(截获)的过路需求量最大化:

$$maximum \sum_{q \in Q} f_q y_q$$

$$s.t. \quad \sum_{j=1}^{n} x_j = p$$

$$\sum_{v_j \in V_q} x_j \geqslant y_p \qquad \forall q \in Q$$

$$y_q \in \{0,1\} \qquad q \in Q$$

$$x_j \in \{0,1\} \qquad V_j \in Q$$

9.2.5 多设施选址问题

多设施选址问题,又称多设施韦伯问题(Multi-source Weber problem,简称 MWP),是寻求 m 个新设施的位置,使得这些新设施到 n 个需求点的总运输费用最小。这里 n 个需求点的位置及权重已知。

MWP 的数学模型如下:

$$\min \sum_{i=1}^{m} \sum_{j=1}^{n} w_{ij} \parallel x_i - a_j \parallel$$

$$\sum_{i=1}^{m} w_{ij} = s_j \qquad (j = 1, 2, \cdots, n)$$

$$x_i \in R^2 \qquad (i = 1, 2, \cdots, m)$$

其中(1)x_i 是未知的新设施的位置,$i = 1, 2, \cdots, m$。

(2)$a_j \in R^2$ 是第 j 个需求点的位置,$j = 1, 2, \cdots, n$。

(3)s_j 是已知的第 j 个需求点 a_j 的权重,$w_{ij} \geq 0$ 是第 i 个设施 x_i 到第 j 个需求点 a_j 的部分权重,$i = 1, 2, \cdots, m; j = 1, 2, \cdots, n$。

(4)$\parallel \cdot \parallel$ 是欧式距离。

在多设施问题中,有时会考虑到设施间存在交互的情况,因此提出了交互的多设施问题,模型如下:

$$\min f(x) = \sum_{i=1}^{m} \sum_{j=1}^{n} w_{ij} \parallel x_i - a_j \parallel + \sum_{i=1}^{m-1} \sum_{j=i+1}^{n} s_{ij} \parallel x_i - x_j \parallel$$

$$x_i \in R^2, i = 1, 2, \cdots, m$$

其中(1)x_i 是未知的新设施的位置,$i = 1, 2, \cdots, m$。

(2)$a_j \in R^2$ 是第 j 个需求点的位置,$j = 1, 2, \cdots, n$。

(3)$w_{ij} \geq 0$ 是第 i 个设施 x_i 到第 j 个需求点 a_j 的权重,s_{ij} 是第 i 个设施 x_i 到第 j 个需求点 x_j 的部分权重,$i = 1, 2, \cdots, m; j = 1, 2, \cdots, n$。

(4)$\parallel \cdot \parallel$ 是欧氏距离。

9.3 中心点问题

9.3.1 中心点的定义和计算方法

设 $D(i)$ 表示图 G 中顶点 i 到所有顶点的距离的最大者,即

$$D(i) = \max\{d_{ij}\}$$

使 $D(i)$ 取最小值的顶点 x 称为图 G 的中心点,可表示为:

$$D(x) = \min_i \max_j \{d_{ij}\}$$

式中:d_{ij}——网络的顶点 i 到顶点 j 的最短路距离。

求中心点 x 的步骤:

步骤1:根据网络图中的每条边的长度(可以是时间或费用等),计算图中顶点到顶点的距离矩阵 $\boldsymbol{D}$。

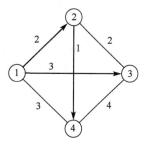

图9-1 中心点计算网络图

步骤2:求出 D 中第 i 行的最大元素 $D(i)$,即求出顶点 i 到所有其他顶点的最大距离。

步骤3:求出具有最小 $D(i)$ 的顶点 x,x 就是要选择的中心点。

求图9-1的中心点,边的编号见表9-1。

计算出顶点之间的距离矩阵为:

$$D = \begin{bmatrix} 0 & 2 & 3 & 3 \\ 4 & 0 & 2 & 1 \\ 6 & 2 & 0 & 3 \\ 3 & 5 & 4 & 0 \end{bmatrix}$$

边的编号对应表 　　　　　　表9-1

边 的 编 号	节 点 号	边 的 编 号	节 点 号
1	(1,2)	4	(2,4)
2	(1,3)	5	(2,3)
3	(1,4)	6	(3,4)

于是 $D(1)=3$、$D(2)=4$、$D(3)=6$、$D(4)=5$。所以 $D(x)=\{3,4,6,5\}=3=D(1)$,因而,顶点1是图的中心点。从顶点1到其他顶点距离最远是3个单位,而其他顶点的最远距离都大于3个单位。

9.3.2　一般中心的定义和计算方法

设 $MVA(t)$ 表示网络图 G 中顶点 t 到所有弧的距离的最大者,即

$$MVA(t) = \max_{r,s}\{d[t(r,s)]\}$$

在所有 $t(t=1,2,\cdots,n)$ 中,使 $MVA(t)$ 取最小值的顶点 x,称为图 G 的一般中心点。

用数学符号可表示为:

$$MVA(x) = \min_{i}\max_{r,s}\{d[i(r,s)]\}$$

式中:$d[i(r,s)]$——网络图中的顶点 i 到弧 (r,s) 上最远点的距离。

求一般中心点 x 的步骤:

步骤1:根据顶点和弧的距离定义,计算顶点到弧的距离矩阵 D',矩阵 D' 的第 i 行第 j 列的元素为 $d(i,j)$,它表示了顶点 i 到弧 j 的最短路长。

步骤2:求出 D' 中第 i 行的最大元素 $MVA(t)(t=1,2,\cdots,n)$,即求出的是顶点 i 到所有弧的距离的最大者。

步骤3:求出具有最小的 $MVA(t)$ 的顶点 x,x 就是要选择的一般中心点。

求图9-1的一般中心点,其中弧的参数、编号及顶点的编号同上。

根据顶点到顶点的距离矩阵 D 和给定的弧长,可以计算出顶点到弧的距离矩阵 D' 为:

$$D' = \begin{vmatrix} 2 & 3 & 3 & 3 & 3.5 & 5 \\ 6 & 7 & 4 & 1 & 2 & 3.5 \\ 8 & 9 & 6 & 3 & 2 & 3.5 \\ 5 & 6 & 3 & 6 & 5.5 & 4 \end{vmatrix}$$

因此:$MVA(1)=5$,$MVA(2)=7$,$MVA(3)=9$,$MVA(4)=6$。

所以有,$MVA(x) = \min\{5,7,9,6\} = 5 = MVA(1)$。因而,顶点 1 是图 9-1 的一般中心点。从顶点 1 到弧的距离最大值为 5 个单元,距顶点 1 最远的点是弧$(3,4)$的中心。

9.3.3 绝对中心点的定义和计算方法

设 $MPV[f(r,s)]$ 表示网络图 G 中弧(r,s)上的 f 一点到所有顶点距离的最大者,即
$$MPV[f(r,s)] = \max_j\{d[f(r,s),j]\}$$
在所有弧上的 f 一点中,使 $MPV[f(r,s)]$ 取最小值的点 x,称为图 G 的绝对中心点。用数学符号可表示为:
$$MPV[x(r,s)] = \min_{(r,s)}\max_j\{d[f(r,s),j]\}$$
显然有向弧的内点不能成为绝对中心点。因为有向弧的终点比任一内点更接近于图中的每一个顶点。这样,在寻求绝对中心点时,只须考虑顶点和无向弧的内点。

考虑任一无向弧(r,s),从(r,s)上的 f 一点到弧顶 j 的距离为:
$$d[f(r,s),j] = \min\{fd(r,s) + d_{rj}, (1-f)d(r,s) + d_{sj}\}$$
可以画出其图形类型,如图 9-2 所示。

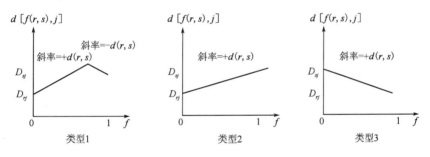

图 9-2　点到顶点距离 $d[f(r,s),j]$ 的图形类型图

对于每一无向弧(r,s),逐条画出它与各个顶点 j 的距离 $d[f(r,s),j]$ 的图形。将其中具有最大值(在图中的最上部分),作为 $d[f(r,s),j]$,两条曲线(实际上是折线)的交点 f^* 处是绝对中心点的最佳选择点之一;如果没有两条曲线而只有一条曲线在最上部分,则只取该条曲线的最小值。

用这种方法,一定可以找出每条无向弧的最佳选择点。比较所有选择点,其中具有最小距离的选择点就是绝对中心点。

求图 G 是绝对中心点的步骤为:

步骤 1:先求出图 G 的顶点到顶点的距离矩阵 $\boldsymbol{D}$,求出图 G 的中心点,作为绝对中心备择点;

步骤 2:找出图 G 中的无向弧,逐条建立起该弧的 f 一点与各顶点距离的关系。一般用图形表示,称哈基密(Hakimi)法;

步骤 3:将每条无向弧到所有顶点的距离的图形画在同一坐标上,取曲线的最上面部分(实质上是最大距离),求出最小值,从而得 f^*(实质上是调整 f 值,使该弧到所有顶点的距离最大值尽可能小);

步骤 4:比较所有无向弧的 f^* 一点,具有最小距离的弧(r,s)上的 f^* 一点也作为绝对中心点的备择点;

步骤 5：比较步骤 1 和步骤 4 所得绝对中心点的距离值，具有最小值的点就是绝对中心点。

求图 9-1 的绝对中心点，已知条件同前所述。

首先根据求中心点的步骤，得出该图的中心点是顶点 1，它是绝对中心的备择点之一。它距最远点为 3 个单位。

图中有三条无向弧 (1,4),(2,3) 和 (3,4)。

下面逐条求出弧的 f 值与各顶点距离的关系。首先考虑弧 (3,4)。计算得：

$$d[f(3,4),1] = \begin{cases} 4f + 6 & \text{当 } f \leq \dfrac{1}{8} \\ 7 - 4f & \text{当 } f \geq \dfrac{1}{8} \end{cases}$$

$$d[f(3,4),2] = \begin{cases} 4f + 2 & \text{当 } f \leq \dfrac{7}{8} \\ 9 - 4f & \text{当 } f \geq \dfrac{7}{8} \end{cases}$$

$$d[f(3,4),3] = 4f \quad (\text{对所有 } f, 0 \leq f \leq 1)$$

$$d[f(3,4),4] = \begin{cases} 4f + 3 & \text{当 } f \leq \dfrac{1}{8} \\ 4 - 4f & \text{当 } f \geq \dfrac{1}{8} \end{cases}$$

根据这些点到顶点距离，可以做出图形，如图 9-3 所示。

从图 9-3 中可以看到，各条曲线的最上部分由 $d[f(3,4),1]$ 和 $d[f(3,4),2]$ 组成。由这两条曲线的函数表达式和图中交点的位置，可求出 f—点的 f^* 值。

$$7 - 4f^* = 4f^* + 2 \rightarrow f^* = \frac{5}{8}$$

$$d[f^*(3,4),1] = d[f^*(3,4),2] = 4.5$$

因而，$f^*(3,4)$ 为绝对中心的备择点。

对无向弧 (1,4)，采用与 (3,4) 同样的步骤，可得出点到顶点距离的图形，如图 9-4 所示。

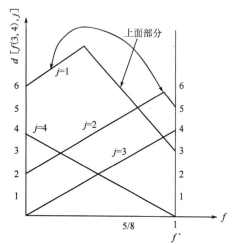

图 9-3　点到顶点距离 $d[f(3,4),f]$ 的图形

从图 9-4 中可以看到，各条曲线的最上部分由 $d[f(1,4),2]$ 和 $d[f(1,4),3]$ 组成。由这两条曲线，可求出 f—点的 f^* 值为 $f^* = 0$。它表示顶点 1 为绝对中心点的备择点，它与每一个顶点的距离都在 3 个单位之内。

对无向弧 (2,3)，用同样的步骤可得到点到顶点的距离，如图 9-5 所示。

从图 9-5 中可以清楚地看到，各条曲线的最上部分就是 $d[f(2,3),1]$。分析可知，$f^* = 0$ 时，该曲线具有最小值，最小值为 4。这表示顶点 2 到每一个顶点的距离都在 4 个单位之内，顶点 2 也是图 G 的绝对中心点的备择点。

最后，比较中心点，即顶点 1 和三条无向弧上的备择点，可见顶点 1 是最优的备择点，所以顶点 1 是该图的绝对中心点,它距最远顶点的距离不超过 3 个单位。

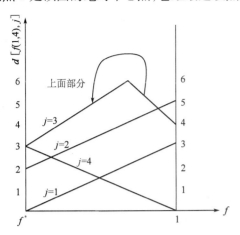

图 9-4　点到顶点距离 $d[f(1,4),j]$ 的图形

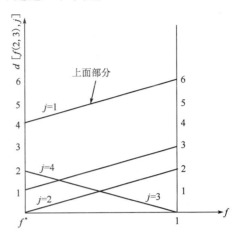

图 9-5　点到顶点距离 $d[f(2,3),j]$ 的图形

9.3.4　一般绝对中心有关问题

设 $MPA[f(r,s)]$ 表示网络图 G 中弧 (r,s) 上的 f—点到所有弧的距离的最大值,即

$$MPA[f(r,s)] = \max_{(r,s)}\{d[f(r,s),(t,u)]\}$$

在所有弧上的 f—点中,使 $MPA[f(r,s)]$ 取最小值的点 x,称为图 G 的一般绝对中心点。用数字符号表示为:

$$MPA[x(r,s)] = \min_{(r,s)f}\{\max_{(t,u)}(d[f(r,s),(t,u)])\}$$

可以推测出:有向弧的内点不能成为一般绝对中心点。

寻找一般绝对中心点的过程和寻找绝对中心点的步骤相似,仅仅是用点到弧的距离代替点到顶点的距离。因而,可以参照求绝对中心点的技巧来解决该问题。

9.4　中位点问题

9.4.1　中位点的定义和计算方法

设 $SVV(t)$ 表示网络图 G 中顶点 t 到所有顶点的距离的总和,即

$$SVV(t) = \sum_{j=1}^{n} d_{ij}$$

在所有 $t(t=1,2,\cdots,n)$ 中,使 $SVV(t)$ 取最小值的顶点 x,称为图 G 的中位点。

$$SVV(x) = \min_{t}\left\{\sum_{j=1}^{n} d(i,j)\right\}$$

求中位点 x 的步骤:

步骤 1:用图 G 中已知参数,由最短路计算法建立该图的顶点到顶点的距离矩阵 $\boldsymbol{D}$。

步骤 2:对矩阵 $\boldsymbol{D}$ 的每一行进行相加,即可得顶点 i 到所有的顶点的总距离 $SVV(t)(t=1,$

$2,\cdots,n)$。

步骤3:选出 $SVV(t)$ 中的最小值 $SVV(x)$,则 x 就是图 G 的中位点。

求出图9-1的中位点。

由前面的计算结果可知,该图的顶点到顶点的距离矩阵为:

$$D = \begin{vmatrix} 0 & 2 & 3 & 3 \\ 4 & 0 & 2 & 1 \\ 6 & 2 & 0 & 3 \\ 3 & 5 & 4 & 0 \end{vmatrix}$$

因此:$SVV(1)=8,SVV(2)=7,SVV(3)=11,SVV(1)=12$。

因而,$\min_t \{SVV(t)\} = \min\{8,7,11,12\} = 7 = SVV(2)$。所以,顶点2就是图的中位点。从顶点2到所有的顶点的总距离最小是7个单位。

9.4.2 一般中位点的定义和计算方法

设 $SVA(t)$ 表示网络图 G 中顶点 i 到所有弧的距离的总和,即

$$SVA(t) = \sum_{(r,s)\in A} d[t,(r,s)]$$

在所有 $t(t=1,2,\cdots,n)$ 中,使 $SVA(t)$ 取最小值的顶点 x,称为图 G 一般中位点。

用数字符号可表示为:

$$SVA(x) = \min_t \{\sum_{(r,s)\in A} d[t,(r,s)]\}$$

式中:$d[t,(r,s)]$——网络图中顶点 t 到弧 (r,s) 的距离。

类似于一般中心点的算法,可以得到一般中位点的计算步骤。

求图9-1的一般中位点。

该图的顶点到弧的距离矩阵为:

$$D' = \begin{vmatrix} 2 & 3 & 3 & 3 & 3.5 & 5 \\ 6 & 7 & 4 & 1 & 2 & 3.5 \\ 8 & 9 & 6 & 3 & 2 & 3.5 \\ 5 & 6 & 3 & 6 & 5.5 & 4 \end{vmatrix}$$

因此:

$SVA(1)=19.5;SVA(2)=23.5;SVA(3)=31.5;SVA(4)=29.5$。

所以:

$$\min_t \{SVA(t)\} = \min\{19.5,23.5,31.5,29.5\} = 19.5 = SVA(1)$$

可见,顶点1就是该图的一般中位点。从顶点1到所有各条弧的总距离最小为19.5个单位。

9.4.3 绝对中位点的定义和计算方法

设 $SPV[f(r,s)]$ 表示图 G 中弧 (r,s) 上的 f—点到所有顶点的距离的总和,即

$$SPV[f(r,s)] = \sum_{j=1}^{n} d[f(r,s),j]$$

在所有弧上的 f—点中，使 $SPV[f(r,s)]$ 取最小值的点 x，称为图 G 的绝对中位点。用数字符号，可表示为：

$$SPV[x(r,s)] = \min_{(r,s)f}\left\{\sum_{j=1}^{n} d[f(r,s),j]\right\}$$

寻求网络图的绝对中位点只需要考虑顶点的距离，不需要考虑弧的内点。可以这样说：中位点就是绝对中位点。因而，求图的中位点的算法完全适合于求绝对中位点。

9.4.4 一般绝对中位点的定义和计算方法

设 $SPA[f(r,s)]$ 表示网络图 G 中弧 (r,s) 上的 f—点到所有弧的距离的总和，即

$$SPA[f(r,s)] = \sum_{(x,y)} d[f(r,s),(x,y)]$$

在所有弧上的 f—点中，使 $SPA[f(r,s)]$ 取最小值的点 x，称为图 G 的一般绝对中位点。用数字符号，可表示为：

$$SPA(x-r,s) = \min_{(r,s)f}\left\{\sum_{(x,y)} d[f(r,s),(x,y)]\right\}$$

有向弧的内点不可能是一般绝对中位点，则无向弧 (r,s) 的内点不是一般绝对中位点。求图 G 的一般绝对中位点的步骤如下：

步骤 1：用最短路算法求出图 G 的顶点到顶点距离矩阵 $\boldsymbol{D}$。

步骤 2：算出顶点到弧的距离矩阵 $\boldsymbol{D}'$，找出具有最小 $SVA(t)$ 的顶点，作为一般绝对中位点的备择点。

步骤 3：在图 G 的弧的集合中，排除所有的有向弧。

步骤 4：利用步骤 1、步骤 2 的计算结果，消去满足条件的无向弧。

步骤 5：在弧集合的剩下的无向弧中，进一步进行检验，消去下界值大于已选做备择一般绝对中位点确定界值的弧。

步骤 6：对于每一条未被消去的无向弧 (r,s) 的内点进行检验，即计算出 $SPV[f(r,s)]$，选择内点中具有最小 $SPA[f(r,s)]$ 的点作为一般绝对中位点的备择点。

步骤 7：将步骤 2 和步骤 6 初步确定出的一般绝对中位点的备择点，进一步选优，确定出最后结果。

求图 9-6 中的一般绝对中位点。

用最短路算法，求出顶点到顶点距离矩阵 $\boldsymbol{D}$ 为：

$$\boldsymbol{D} = \begin{vmatrix} 0 & 1 & 2 & 3 & 2 & 3 \\ 1 & 0 & 1 & 2 & 1 & 2 \\ 2 & 1 & 0 & 1 & 2 & 3 \\ 3 & 2 & 1 & 0 & 1 & 2 \\ 2 & 1 & 2 & 1 & 0 & 1 \\ 3 & 2 & 3 & 2 & 1 & 0 \end{vmatrix}$$

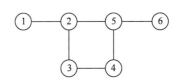

图 9-6 求一般绝对中位点算例图
注：图中所有的弧长都等于 1

然后，将边的次序排列如下：$(1,2),(2,3),(3,4),(4,5),(5,6),(2,5)$。

可以算出顶点到弧距离矩阵 $\boldsymbol{D}'$，得：

$$D' = \begin{vmatrix} 1 & 2 & 3 & 3 & 3 & 2 \\ 1 & 1 & 2 & 2 & 2 & 1 \\ 2 & 1 & 1 & 2 & 3 & 2 \\ 3 & 2 & 1 & 1 & 2 & 2 \\ 2 & 2 & 2 & 1 & 1 & 1 \\ 3 & 3 & 3 & 2 & 1 & 2 \end{vmatrix}$$

因此,$SVA(1) = 14$;$SVA(2) = 9$;$SVA(3) = 11$;$SVA(4) = 11$;$SVA(5) = 9$;$SVA(6) = 14$。

因而,顶点 2 和顶点 5 是一般绝对中位点的最佳顶点备择点。因为这两个顶点到所有各条弧的总距离等于 9 个单位。

然后,消去某些边的内点。可以看出,图中所有各弧都是无向的。

弧(1,2)可以消去,由于:

$$|SVA(1) - SVA(2)| = |14 - 9| = 5 > 1 = d_{12}$$

同样弧(2,3),弧(4,5),弧(5,6)可以消去;而弧(3,4),弧(2,5)不能消去。

检查有无可能进一步消去任一条弧。弧(3,4)可以消去,因为:

$$SPV[f(3,4)] \geqslant SVA(3) - \frac{1}{2}d(3,4) = 11 - \frac{1}{2} = 10\frac{1}{2}$$

该数大于选择两个顶点作为一般绝对中位点所达到的 9 个单位。而边(2,5)不能消去,仅只是弧(2,5)须考虑。计算弧(2,5)上的 f—点到弧的距离:

$$d[f(2,5),(1,2)] = 1 + f$$
$$d[f(2,5),(2,3)] = 1 + f$$
$$d[f(2,5),(3,4)] = \min\{f + 2, 3 - f\}$$
$$d[f(2,5),(4,5)] = 1 + (1 - f)$$
$$d[f(2,5),(5,6)] = 1 + (1 - f)$$
$$d[f(2,5),(2,5)] = \max\{f(1 - f)\}$$

将这些点到弧的距离相加,得:

$$SPA[f(2,5)] = 1 + f + 1 + f + \min\{f + 2, 3 - f\} + 2 - f + 2 - f + \max\{f, 1 - f\}$$
$$= 6 + \min\{f + 2, 3 - f\} + \max\{f, 1 - f\}$$

曲线 $f + 2$ 和曲线 $3 - f$ 的交点为 $f = \dfrac{1}{2}$;同样,曲线 f 和曲线 $1 - f$ 的交点也为 $\dfrac{1}{2}$。因而,可以作如下分析:

当 $f \leqslant \dfrac{1}{2}$ 时:

$$SPA[f(2,5)] = 6 + f + 2 + 1 - f = 9$$

当 $f \geqslant \dfrac{1}{2}$ 时:

$$SPA[f(2,5)] = 6 + 3 - f + f = 9$$

可见,$SPA[f(2,5)]$ 与 f 取值无关。所以弧(2,5)上所有的内点都可作为一般绝对中位点的备择点,其到所有弧的距离的总和是 9 个单位。由于顶点 2 和 5 仅是 $f = 0$ 和 $f = 1$ 的特例,它也能作为备择点,这和前面得到的结果一致。可以这么说:弧(2,5)上任一点都可以作为图9-6的一般绝对中位点,这是因为图9-6是一个棋盘形网络。

9.4.5　中心点和中位点问题的综合考虑

1. 公共设施地址选择模型:中心点与中位点的综合考虑

公众对日益增长的公共物品的需求,与公共物品供给短缺、低效之间的矛盾成为政府部门面临的重要问题,而其中公共设施的建设必然涉及合理的选址问题。某区域(城市、区、乡镇等)共有10个社区,其网络图如图9-7所示,弧的权重为长度(km),表示社区与社区间路的距离,皆为无向弧;顶点权重代表社区人口数(万人)。现在要选择一个社区附近建设某类公共设施,以相同权重 $k_1 = k_2 = 1/2$ 考虑下面两个要求:一是使最远社区的居民到达公共设施的路程尽可能短;二是使所有社区居民到达该公共设施的总路程最小。

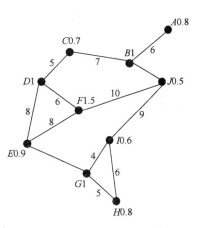

图9-7　公共设施选址模型网络图

首先用克劳德算法求得图9-7各顶点间的距离矩阵 D,并计算相应的 $MVV(i)$ 和 $SVV(i)$ 值:

		0.8	1.2	0.7	1	0.9	1.5	1	0.8	0.6	0.5		
		A	B	C	D	E	F	G	H	I	J	$MVV(i)$	$SVV(i)$
	A	0	6	13	18	26	20	23	25	19	10	23.4	147.1
	B	6	0	7	12	20	14	17	19	13	4	18	102.7
	C	13	7	0	5	13	11	20	25	20	11	20	109.5
	D	18	12	5	0	8	6	15	20	19	16	16	98.9
$D =$	E	26	20	13	8	0	8	7	12	11	18	20.8	106.1
	F	20	14	11	6	8	0	15	20	19	10	16	101.1
	G	23	17	20	15	7	15	0	5	4	13	18.4	109.5
	H	25	19	25	20	12	20	5	0	6	15	20	137.2
	I	19	13	20	19	11	19	4	6	0	9	14	115.5
	J	10	4	11	16	18	10	13	15	9	0	16.2	98.1

其中,$i = A, B, C, \cdots, I$。

由于在已给定图上,$SVV(i)$ 值将随顶点数的增加而不断增大,为使其与 $MVV(i)$ 值具有同一量纲和可比性,构造下式进行综合考虑中心点与中位点问题的评价指标值 $MSVV(i)$:

$$MSVV(i) = k_1 \frac{MVV(i) - MVV_{\min}}{MVV_{\max} - MVV_{\min}} + k_2 \frac{SVV(i) - SVV_{\min}}{SVV_{\max} - SVV_{\min}}$$

式中:$MVV_{\max}, MVV_{\min}, SVV_{\max}, SVV_{\min}$ ——$MVV(i)$ 和 $SVV(i)$ 中的最大、最小值。

计算结果,见表9-2。

计 算 结 果 表										表9-2
顶点	A	B	C	D	E	F	G	H	I	J	Min 为 D 点
$MSVV(i)$	1	0.260	0.435	0.115	0.443	0.137	0.350	0.718	0.176	0.117	$MSVV = 0.115$

因此综合考虑中心点与中位点问题后,应选择 D 点作为公共设施的选择地点。经分析可知,网络的中心点是 I 点,中位点是 J 点,但选择 D 点,既照顾到了最远社区居民到达公共设施的路程不至太远,又使得所有社区居民到达该公共设施的总出行路程不至于太大。

综合考虑中心点与中位点问题时,顶点的选择与权重 k_1 的取值有关,在该模型中,权重 (k_1),与点的选择关系如图9-8所示。

图9-8　权重与点的选择关系

2. 危机处理中心地址选择模型:绝对中心点与绝对中位点的综合考虑

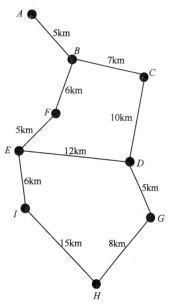

图9-9　危机处理中心选择模型网络图

某区域有9个需要重点预防的潜在危机源,其距离关系及交通图抽象为网络图9-9,图中弧皆为无向弧,弧上权重为距离(km)。现要在顶点或路边设置危机处理中心,以应对可能发生的公共危机,地址选择既要考虑使危机处理中心与各潜在危机源总距离不能太大,尽可能减少每天出巡费用(即减少总运输路程,给定权重 $k_1 = 0.3$),又要考虑危机处理中心离最远潜在危机源距离不能太远,保证能够在危机发生时能够及时到达(给定权重 $k_2 = 0.7$)。在不影响讨论绝对中心点与绝对中位点的前提下,适当简化问题,忽略顶点权重(各潜在危机源的公众人数、财产数量等因素)。

首先,计算网络图9-9中各弧上 f—点到各顶点的最短路,结果见表9-3。

$$d[f(r,s),j] = \min\{fd(r,s) + d_{ij}, (1-f)d(r,s) + d_{ij}\}$$

然后,以表9-3为基础,分别计算 $MPV(i)$ 和 $SPV(i)$,i 表示各条弧,计算过程中 f 依然作为参数考虑。

中心点与中位点联合考虑计算表　　　　表9-3

	A	B	C	D	E	F	G	H	I
AB	$5f$	$5-5f$	$12-5f$	$22-5f$	$16-5f$	$11-5f$	$27-5f$	$35-5f$	$22-5f$
BC	$5+7f$	$7f$	$7-7f$	$17-7f$	$11+7f$	$6+7f$	$22-7f$	$30-7f$	$17+7f$
CD	$12+10f$	$7+10f$	$10f$	$10-10f$	$18+10f/$ $22-10f$	$13+10f/$ $27-10f$	$15-10f$	$23-10f$	$24+10f/$ $28-10f$
DE	$22+12f/$ $28-12f$	$17+12f/$ $23-12f$	$22+12f/$ $28-12f$	$12f$	$12-12f$	$17-12f$	$5+12f$	$13+12f/$ $33-12f$	$18-12f$

	A	B	C	D	E	F	G	H	I
EF	$16-5f$	$11-5f$	$18-5f$	$12+5f$	$5f$	$5-5f$	$17+5f$	$21+5f$	$6+5f$
FB	$11-6f$	$6-6f$	$13-6f$	$17+6f/$ $23-6f$	$5+6f$	$6f$	$22+6f/$ $28-6f$	$26+6f/$ $36-6f$	$11+6f$
DG	$22+5f$	$17+5f$	$10+5f$	$5f$	$12+5f$	$17+5f$	$5-5f$	$13-5f$	$18+5f$
GH	$27+8f$	$22+8f$	$15+8f$	$5+8f$	$17+8f/$ $29-8f$	$22+8f/$ $34-8f$	$8f$	$8-8f$	$23-8f$
HI	$35+15f$ $37-15f$	$30+15f/$ $32-15f$	$23+15f/$ $39-15f$	$13+15f/$ $33-15f$	$21-15f$	$26-15f$	$8+15f$	$15f$	$15-15f$
IE	$22-6f$	$17-6f$	$24-6f$	$18-6f$	$6-6f$	$11-6f$	$23-6f$	$15+6f$	$6f$

注：1. 表中，"表达式/表达式"表示随 t 取值取二者的较小值。

2. 出于与公共设施地址选择模型中相同原因，构造下式，以计算绝对中心点和绝对中位点的综合评价指标值 $MSPV$ (i)：

$$MSPV(i) = k_1 \frac{MPV(i) - MPV_{\min}}{MPV_{\max} - MPV_{\min}} + k_2 \frac{SPV(i) - SPV_{\min}}{SPV_{\max} - SPV_{\min}}$$

式中：$MPV_{\max}, MPV_{\min}, SPV_{\max}, SPV_{\min}$——按照 f 在 $[0,1]$ 区间的变动，分别确定 $MPV(i)$ 和 $SPV(i)$ 中的最大、最小值。

综合评价指标值 $MSPV(i)$ 见表9-4。经过对绝对中心点和绝对中位点的综合考虑，该危机处理中心地址选择 E 点。

绝对中心点与绝对中位点问题的综合评价指标值　　　　表9-4

	AB	BC	CD	DE	EF	FB	DG	GH	HI	IE	Min($MSPV$)
f	1	13/14	1	1	0	0	0	0	1	1	$MSPV = 0.04$
$MSPV(i)$	0.49	0.44	0.24	0.04	0.04	0.29	0.24	0.91	0.76	0.04	选择 E 点

9.5　集合覆盖问题的候选点集算法

集合覆盖问题是运筹学中典型的组合优化问题之一，研究在满足一定的服务半径和覆盖所有需求点的前提下，服务站总的建站个数或建设费用最小的问题，即确定满足一定覆盖率的服务设施的最小数量和合适的位置，主要用于解决应急服务设施的选址问题。

设 $N = \{i \mid i = 1, 2, \cdots, m\}$ 为应急点集合；$F = \{f \mid f = 1, 2, \cdots, n\}$ 为候选服务设施集合；D_{if} 为应急点 i 到候选服务设施点 f 的最短距离；l 为应急规定的限制距离（应急设施所能覆盖的最大半径）；$R_i = \{f \mid D_{if} \leqslant l\}$ 为应急点与服务设施之间距离小于限制距离的候选服务设施点的集合，为 F 的子集；x_f 为决策变量，$x_f = \begin{cases} 1, & \text{若候选服务设施点} f \text{被选中} \\ 0, & \text{否则} \end{cases}$ 则集合覆盖的数字模型可表示为：

$$\min z = \sum_{f=1}^{n} x_f$$

$$s.t. \quad \sum_{f \in R_i} x_f \geqslant 1 \quad i = 1, 2, \cdots, m$$

$$x_f \in \{0, 1\} \quad f = 1, 2, \cdots, n$$

集合覆盖问题可以形象化,如图 9-10 所示。图中黑色的点表示需求点,每个框表示一个服务站及其对应的覆盖范围。问题求解的结果(输出)即确定最少的框来覆盖所有的点。

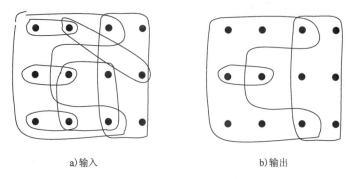

a)输入   b)输出

图 9-10 集合覆盖问题示意图

设 $G(N,A)$ 为连通图,其中 N 为节点(应急点)集,节点数为 m,A 为有向弧集,d_{ij} 为相邻 2 个应急点间的距离。

目标函数是确定最少应急服务设施,使得对于所有的 $i \in N$,$D_{if} \leq 1$,其中,$f \in F^*$,F^* 为最优应急服务设施集合。求解问题的关键是求解候选应急服务设施集,候选应急服务设施集算法过程如下:

步骤 1:建立 M_{ij} 矩阵及相关矩阵 M_d,其中 M_{ij} 为 N 中任意 2 点 i 和 j 的最短距离矩阵;M_d 为 M_{ij} 矩阵中从 i 到 j 的有向最短距离矩阵。

步骤 2:在建立的 M_{ij} 矩阵中标记出 S_{uv} 集,其中 S_{uv} 为 M_{ij} 矩阵中所有最短距离小于 $2l$ 的点对 (u,v) 的集合,即 $\{u,v \in N, D_{uv} \leq 2l\}$。

步骤 3:在 S_{uv} 中选择 (u,v) 点对,同时对有向弧集 A 中任意给定的弧段 $\overgroup{(i,j)}$ 搜索 $\overgroup{(i,j)}_{uv}$,以确定候选应急服务设施集 F,对所有 (u,v) 点对完成搜索。其中 $\overgroup{(i,j)}_{uv}$ 为与 (u,v) 有关的候选应急服务设施所在的弧段,$\overgroup{(i,j)}_{uv} \in A$。

步骤 4:存储 M_{ij} 矩阵并记为 M_d。

步骤 5:根据 M_d 标记所有可能的有效路径集合 P_a。

步骤 6:在有效路径集合 P_a 的基础上,对所有 $f \in F$ 构建集合覆盖矩阵。

步骤 7:求解集合覆盖矩阵。

在步骤 1 中,对于每一 (u,v) 在所有的 $\overgroup{(i,j)} \in A$ 中搜索 $\overgroup{(i,j)}_{uv}$,判断某个候选应急服务设施是否可以设置在图 G 中的某个点上(即到达 u 和 v 的最小距离是否小于或等于 l)。$\overgroup{(i,j)}_{uv}$ 的含义意味着 u 和 v 之间在图 G 上存在着一条简单路径(无重复节点和弧段的路径),因此:①路径长度小于或等于 $2l$。②设路径中点为 P,则 P 在弧 $\overgroup{(i,j)}_{uv}$ 上。③u 到 P 及 v 到 P 的沿着上述简单路径的距离便是二者的最短距离。此时,$P = f \in F$。搜索弧 $\overgroup{(i,j)}_{uv}$ 的流程如图 9-11 所示。

图 9-11 中,P_{uv} 为可能的有效路径集合,P_{uv} 为 P_a 的子集:{可能的有效路径:$\overgroup{(i,j)}_{uv}$ 存在,且点对 (u,v) 满足临界距离条件},即 G 内节点对 (u,v) 间所有可能的路径集合,包括 2 种情况:

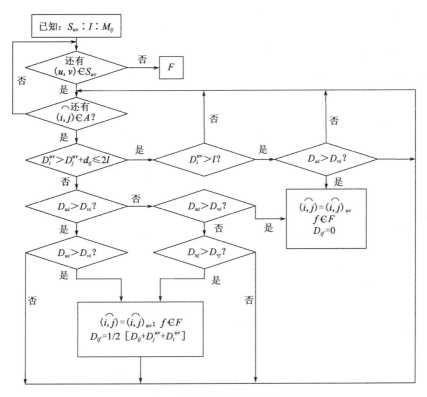

图9-11　候选应急服务设施位置集确定流程图

①如果候选应急服务设施 i 或者 j,那么从 u 分别经过 i,j 到 v 的最短距离均小于或等于 $2l$;②如果候选应急服务设施在 $\widehat{(i,j)}_{uv}$ 上,不含 i,j,那么沿弧 $\widehat{(i,j)}_{uv}$ 从 u 到 v 的最短距离小于或等于 $2l$;D_i^{uv} 为 $\min[D_{ui},D_{vi}]$,$i \in N$,$(u,v) \in S_{uv}$,即取 u 到 i 的距离与 v 到 i 的距离中的最小值。

某地区有 6 个街区,当地政府计划修建应急服务设施,由于财力有限,要求在覆盖所有街区的条件下修建尽可能少的应急服务设施。假定每个街区的需求都集中在每个街区的中心,地区路网如图9-12 所示,用候选点集算法进行求解。限制距离 $l = 500\text{m}$,用 Dijkstra 算法求得各点间最短距离,见表9-5,其中有下划线的距离构成 S_{uv},括号中是相应的路径。

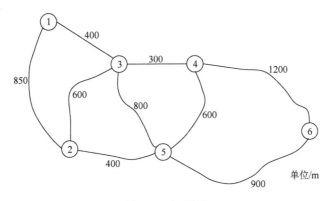

图9-12　地区路网

用步骤 3 按流程得到道路网分析结果,见表9-6。表中画"一"部分表示该点对 (u,v) 中,

$\widehat{(i,j)} \neq \widehat{(i,j)}_{uv}$。对每一段弧$\widehat{(i,j)}_{uv}$,其距离用 L 表示,则有 $L = D_i^{uv} + D_j^{uv} + d_{ij}$,且必须满足 $L \leqslant 2l = 1\,000\text{m}$,括号中表示的是路径。

最 短 距 离 矩 阵 　　　　　　　表 9-5

节　　点	1	2	3	4	5	6
1	0	850 (1－2)	400 (1－3)	700 (1－3－4)	1200 (1－3－5)	1900 (1－3－4－6)
2	—	0	600 (2－3)	900 (2－3－4)	400 (2－5)	1300 (2－5－6)
3	—	—	0	300 (3－4)	800 (3－5)	1500 (3－4－6)
4	—	—	—	0	600 (4－5)	1200 (4－6)
5	—	—	—	—	0	900 (5－6)

道 路 网 分 析 结 果 　　　　　　　表 9-6

(u,v)点对	弧(i,j)								
	(1,2)	(1,3)	(2,3)	(2,5)	(3,4)	(3,5)	(4,5)	(4,6)	(5,6)
(1,2)	850 (1－2)	—	1000 (1－3－2)	—	—	—	—	—	—
(1,3)	—	400 (1－3)	—	—	—	—	—	—	—
(1,4)	—	700 (1－3－4)	—	—	—	—	—	—	—
(2,3)	—	—	600 (2－3)	—	—	—	—	—	—
(2,4)	—	—	900 (2－3－4)	—	—	—	1000 (2－5－4)	—	—
(2,5)	—	—	—	400 (2－5)	—	—	—	—	—
(3,4)	—	—	—	—	300 (3－4)	—	—	—	—
(3,5)	—	—	1000 (3－2－5)	—	—	800 (3－5)	900 (3－4－5)	—	—
(4,5)	—	—	—	—	—	—	600 (4－5)	—	—
(5,6)	—	—	—	—	—	—	—	—	900 (5－6)

　　用集合覆盖矩阵分析最优解,矩阵中每一行代表一个节点(共 n 行),每一列代表一个候选应急服务设施。如果节点 i 到候选应急服务设施的距离小于或等于 l,则为"1"。其目的是

寻找最少的列,使得所选择的列中至少有一列的每一行包含元素"1",即寻找能覆盖所有行的最少列数,实质是一个整数规划问题。

表9-7列出了候选点集 F 中 f 及矩阵有关的信息和中间结果,最终将问题转换为求解 0-1 整数规划问题,表中下划线的列,即 $\widehat{(i,j)}_{uv} = \widehat{(3,2)}_{1,2}$ 和 $\widehat{(5,6)}_{5,6}$ 的列构成了问题的最优解。即只须设置 2 个应急服务设施即可覆盖所有街区,2 个应急服务设施的位置分别为路段 $(3,2)$ 上与节点 3 相距 100m 的位置和路段 $(5,6)$ 上与节点 5 相距 450m 的位置(即中点),如图 9-13 所示。

矩 阵 分 析 结 果　　　　　　　　表 9-7

点对(u,v)	(1,2)	(1,2)	(1,2)	(1,2)	(1,2)	(1,2)	(1,2)	(1,2)	(1,2)	(1,2)	(1,2)	(1,2)	(1,2)	(1,2)
L	850	1 000	400	700	600	900	1 000	400	300	1 000	800	900	600	900
弧(i,j)	(1,2)	(3,2)	(1,3)	(1,3)	(2,3)	(2,3)	(5,4)	(2,5)	(3,4)	(3,2)	(3,5)	(4,5)	(4,5)	(5,6)
D_{ij}	425	100	200	350	300	450	100	200	150	500	400	150	300	450
1	1	1	1	1	—	—	—	—	—	—	—	—	—	—
2	1	1	—	—	1	1	1	—	1	—	—	—	—	—
3	—	1	1	1	1	1	—	—	1	1	1	1	—	—
4	—	—	1	1	—	1	1	—	—	—	—	1	1	—
5	—	—	—	—	—	1	1	1	—	1	1	1	1	1
6	—	—	—	—	—	—	—	—	—	—	—	—	—	1

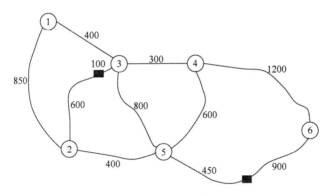

图 9-13　应急设施布设位置

9.6　P&R 设施选址规划模型

9.6.1　基于公交轨道网络的 P&R 设施选址模型

基于公交轨道网络的 P&R 设施位置选择是指在既有的轨道站点或相当于轨道交通的快速干线公交站点集合中,选择合适的位置设置换乘停车场。

辐射型轨道交通线路促使城市空间形态朝着放射状的轨道线扩展,形成指状(或星状)的城市形态,见图9-14。而且放射性轨道线可以延伸到很远的郊区,带动卫星城镇的发展,形成串珠状的放射轴线。根据轨道交通站点与城市中心区的距离,可以分为三种情况进行分析:城市中心区的站点、城市边缘区的站点、城市边缘区以外的站点。位于中心区内的轨道交通站点,服务人口密度大,站点多,站距一般 1~2km,以步行或自行车乘换方式居多。位于城市边缘区的轨道交通站点,它可能是交通枢纽换乘处,如铁路、机场、长途汽车等,或者是高架轻轨与地下地铁的转换处,站距一般在 2~4km。这些站点由于受城市格局及设施自身特点的限制,功能上将偏向于社会性质的公共停车场,因此作为单独一种类型进行分析。位于城市地缘区以外的轨道交通站点,其周围地区在站点建设前开发程度不高,附近开发的用地大多为居住用地,因此其功能主要是为站点附近的居民通勤交通服务。站距一般在 4~10km,大多数交通属于组团间或城镇间长距离出行,主要的换乘形式为小汽车换乘轨道交通,选址目标是合理地在轨道交通线网上布局 P&R 设施,引导小汽车方式在其出行早期便完成向轨道交通方式的转换。

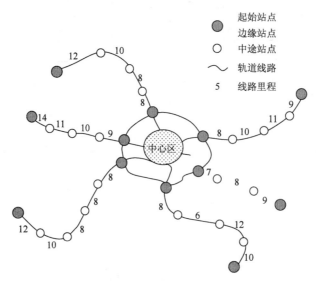

图9-14   简单城市轨道线路图

轨道网络以中心区为端点向四周卫星城镇发射,P&R 的覆盖区域可以定为以停车换乘站为中心的8km 半径范围,这个范围内的所有小汽车出行发生源都可视为 P&R 的潜在需求。

假设轨道网络中的每一个站点均作为初始备选点位,则将每个备选站点看成网络中的节点,连接两个节点的轨道线路长度看成网络中的弧,那么可以将轨道网络抽象为一个带权重的有向图。作如下假设:

(1)以节点覆盖范围内 P&R 的潜在需求量作为该点的权重。

(2)以两个节点之间的轨道线路作为小汽车方式到达中心城区的最短路。

(3)一旦在某个节点处设置了设施,则该点覆盖范围内的 P&R 潜在需求量将全部转化为现实需求量,这部分的交通量将不会在道路网络中产生车公里数。

设置模型如下:

$$\max(z) = \sum_r \sum_i Q_{ri} d_{ri} X_{ri}$$

$$s.t. \quad \sum_r^n \sum_{i=1}^m X_{ri} \leq P \qquad \forall r, i$$

$$\sum_{i=1}^{m} X_{ri} \geqslant 1 \qquad \forall r$$

$$X_{ri} \in \{0,1\} \qquad \forall r,i$$

$$|d_{ri} - d_{gj}| \geqslant D \qquad 当 r=g, i \neq j 时$$

式中: P——设施总数;

Q_{ri}——第 r 号轨道线路第 i 个站点覆盖区域内的 P&R 潜在需求量;

d_{ri}——第 r 号轨道线路第 i 个站点到中心城区的线路长度;

X_{ri}——如果设施建在站点 i 处,其值为1,否则为0;

D——设施的覆盖半径。

目标函数是选择至多 P 个停车场,使得可以利用整个轨道交通网络换乘的 P&R 潜在用户数最多,并且是在出行早期完成换乘。约束条件分别对设施数量的限制;每条线路至少设置一个设施;在可能的设施位置建(值为1)或不建(值为0)设施;当两个站点位于同一条线路上时,相互间距离不得小于单一设施的覆盖半径,这里可取覆盖平径为8km。

9.6.2　基于公路网的 P&R 设施选址模型

公路网络由于存在相互连通的情况(图9-15),除了考虑网络沿线的土地利用对 P&R 选址的影响外,路网上动态变化着的交通流量也是 P&R 选址的重要影响因素。

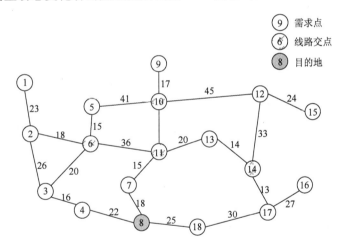

图9-15　简单公路网络图

可采用需求流量不确定的网络截流选址扩展模型来进行公路网的 P&R 设施选址研究,建立多种需求流量情形下的 P&R 设施选址方案。通过对各种可能情形的计算比较,希望找到使得设施所截取的小汽车行驶里程最小的情形,建立的设施使得在该情形下截取的小汽车行驶里程最大。

从图9-15可以看出,公路网络同样可以抽象为一个带有权重的多起点、单终点的网络图。图中节点除起点(节点1、节点5、节点9、节点15、节点16)和讫点(节点8)外,其余节点可以分为两种类型。一类是线路间的交叉点(如节点6、节点10、节点11、节点14等),其权重值为流经该点的网络流量所产生的 P&R 的潜在需求量;另一类是 P&R 的潜在需求产生点(如节点2、节点3、节点4、节点7、节点13等),其权重值除了包括流经该点的网络流量所产生的 P&R 的潜在需求量外,还包括该点自身的 P&R 的潜在需求量。这类节点主要指公路途经的城市或小城镇以及人口密集的区域。假设：

(1)以节点处 P&R 的潜在需求量作为该点的权重。

(2)一旦选择某个节点处建设设施,则该点处的 P&R 潜在需求量将全部转化为现实需求量,这部分交通量将不会在道路网络中产生车公里数。

(3)网络中的每位出行者都选择最短路径到达目的地,则每个讫点间有唯一路径相连,每一节点与讫点间也有唯一路径相连。

基于公路网的 P&R 设施选址规划的目标同样是截取网络中的小汽车出行,使得最大数目的小汽车在出行的早期选择换乘,实现网络中消失的车公里数最大化。但是考虑到路网中交通流量的变化与设施的选址方案间存在相互作用,在某种情形下确定的最优选址方案并不能保证网络流量发生改变时仍然是最优的。引入了遗憾度的概念,并将其作为模型的目标函数。所谓的遗憾度是指实际截取的小汽车公里值与预期截取值之间的差距,也叫绝对遗憾度。在实际应用中,有时绝对遗憾度的取值比较大,可以将其进一步转换成相对遗憾度。模型的具体描述如下：

$$\min z = Q$$

$$s.t. \quad \frac{Q_k - \sum_{i=1}^{n} q_i^k d_i x_i}{Q_k} \leq Q \quad (k \in K)$$

$$\sum_{i=1}^{n} x_i \leq P$$

$$x_i \in \{0,1\} \quad (i \in N)$$

式中：Q——绝对遗憾度；

k——不同情形的集合；

Q_k——预先确定的通过换乘而减少的小汽车行驶里程的预期目标；

q_i^k——第 i 个节点第 k 种情形下的权重值,即该点的 P&R 潜在换乘需求量；

d_i——第 i 个节点到讫点的最短路里程；

x_i——若在第 i 个节点上建站,则 $x_i = 1$,否则 $x_i = 0$；

P——设施总数。

模型目标函数是希望所有情形中决定遗憾度最大的值 Q 最小。约束条件分别表示在情形 k 时,实际通过换乘而减少的小汽车行驶里程数与预期值之间的相对差距；对设施数量的限制；i 节点建(值为 1)或不建(值为 0)设施。K 代表不同情形的集合,一般情况下可以根据路网流量随时间的变化规律来确定,特殊情况,例如实行拥挤收费可以根据收费时段和收费费率的不同情形来确定。

9.6.3 边缘 P&R 设施选址模型

边缘 P&R 设施位于组团中心区或城市重点区域的周边地区,通常也是停车供给与停车需求矛盾最大的地区。这类设施的规划目的就是要将中心区内多余的停车需求转换为公共交通。其作为市内 P&R 中一类特殊的换乘设施,兼有公共停车场和换乘停车场的功能。

对于这类设施的规划,首先通过中心区停车供需缺口确定需求量。如何确定需求量在一定程度上反映了边缘 P&R 设施的性质。当需求量完全按照实际的供需差额来确定时,边缘 P&R 设施从功能上承担了中心区公共停车场的角色,所起作用仅仅只是使中心区的停车需求转移到边缘地区。当采取缩小供需缺口、控制停车需求的策略确定需求量时,边缘 P&R 设施才真正起到停车换乘的功能。但无论采取何种策略,一旦这类设施的需求量确定之后,理论上全部需求都必须得到满足,否则可能加剧中心区的交通拥挤,造成路边违章停放等不良现象。因此,对于这种类型的选址问题的描述是:在不考虑设施的建设费用、运输费用和土地使用成本等情况下,如何以最少的设施数目来满足全部需求。当需求的空间分布已知时,这是一个覆盖问题中的全覆盖问题。

模型假设:

(1)设施的选址范围是以市中心或者重要活动中心为圆心,围绕一定半径所形成的圆周的周边区域,如图 9-16 所示。

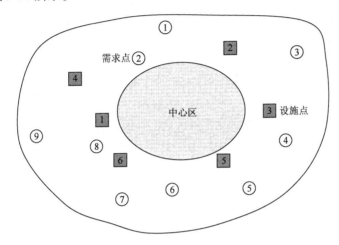

图 9-16　边缘 P&R 设施与需求分配图

(2)确定该区域内的主要停车需求空间分布情况。可以将主要交叉口、长途汽车站、火车站、公交枢纽站以及大型公共建筑物等作为该分区内的停车需求分布点,并将其附近一定半径范围内的停车需求点吸纳为该点的需求量,形成离散化的停车需求分布点。

(3)边缘停车场的建设前提条件:中心区域停车泊位缺口大,并采取了有效的停车收费价格杠杆,调节供需矛盾;所有以中心区为目的地的小汽车出行者都是理性消费者,即停车收费价格对小汽车出行者的换乘行为是起作用的。

构造模型:

$$\min z = \sum_{j=1}^{n} Y_j$$
$$\max \varphi = \sum_{Y_j \in T_j} Y_j$$
$$s.t. \quad \sum_{j=1}^{n} a_{jk} Y_j \geq 1 \quad \forall k$$
$$Y_j \in \{0,1\} \quad \forall j$$

式中:n——备选点数目;

Y_j——如果在 j 处选址,则其值为 1,否则为 0;

T_j——原有设施集合;

a_{jk}——如果选址点 j 能覆盖到需求点 k,则 $a_{jk}=1$,否则为 0。

模型添加了目标函数是从节约投资的角度出发,使规划的最优方案中尽可能多地包含已有设施。

9.6.4 远郊 P&R 设施选址模型

远郊 P&R 设施位于各组团或卫星城镇内,主要服务对象为到中心区就业者,主要目标是配合中长期城乡公交一体化规划布局体系,为城乡公交线路集散客流服务。从功能上看,将是今后促进居民出行方式转换的主要设施,这也正是这类设施布局选址时要考虑的主要因素。

从国外 P&R 设施覆盖区域的分析可知,50% 的用户来自于距离设施 4km 左右的范围内,85% 的用户来自于 20km 左右的范围内。从对设施用户的调查可知,用户与设施之间的距离对用户的出行方式选择有着重要的影响。从英美国家所做的调查来看,当用户与设施之间的距离超过本次出行里程的 50% 时,很多用户将不会再使用换乘停车这种出行方式。因此,可以将设施与用户出发地之间的这段出行时间或者是出行距离看作一个响应时间,当实际的出行时间超过这个响应值时,用户将会选择其他竞争类的出行方式出行。

无论是覆盖模型还是区位模型都有个基本的研究假设,即出行者就近选择的原则。假设出行者总是选择离自身最近的设施进行换乘,即使在出行者可接受的最大出行距离内没有设施,其需求也必须得到满足。但对于 P&R 设施而言,出行者并不严格遵守这样的假设,出行者在选择 P&R 设施进行换乘时,还会考虑设施的规模、服务水平、停车费用等综合因素,然后做出选择。因此,实际上停车场的覆盖区域边界线与理论上并不一致。当设施位置超出出行者的最大容许距离后,出行者将很可能选择其他的方式出行(如直接驾车出行,或者取消出行)。另外,即使设施位于出行者的容许范围内,也可能因为费用、道路服务水平等因素而放弃选择该设施,那么这部分需求将直接从整个 P&R 中消失。因此可以说这是一个有竞争的弹性需求设施选址模型。

每个组团或者卫星城镇是由众多的居民小区组成的,如果将它们看成网络中的顶点,这些小区的交通发生量作为顶点的权重,连接它们的道路看成网络中的弧,那么整个研究区域可以看成一个无向赋权图。另外,从 P&R 用户的出行方式的选择来考虑,即使设施位于用户的最大容许范围内,但仍然有可能因为不方便等原因而选择其他的交通方式。因此在满足最大容许距离的前提下,考虑把到达各个顶点(附权重)的距离之和最小作为系统的优化目标,对于需求较大的地点,与设施的距离也应比需求量小的点近,从而更具有实际的意义。

作如下假设:

(1)存在一个交通处处可达、各方向的移动费用相同的区域;

(2)该区域内存在多个需求点,这些点的位置可用二维平面上的坐标来表示;

(3)已存在一个或多个设施为所有的需求点提供需求和服务,该设施的位置坐标也已知;

(4)由于移动费用相同,则移动成本就可以用距离代替,需求点对设施的需求量分配与它们距各设施距离的远近有关,绝大多数需求量将分配给距此需求点最近的设施;

(5)需求量可以用该需求点的相关人口来表示。在此情况下,考虑一个新设施的选址决策,目的是使新设施在新的选址位置上的服务效用最大。

构造的模型如下:

$$\min z = \sum_i \sum_j a_i d_{ij} Y_{ij}$$

$$\max \varphi = \sum_{X_j \in T_j} X_j$$

$$\sum_{j=1} X_j \leq P$$

$$\sum_{j=1} Y_{ij} = 1 \qquad \forall\, i$$

$$Y_{ij} - X_j \leq 0 \qquad \forall\, i,j$$

$$X_j \in \{0,1\} \qquad \forall\, j$$

$$Y_{ij} \in \{0,1\} \qquad \forall\, i,j$$

式中:P——设施总数;

d_{ij}——需求点 i 到设施 j 的距离;

X_j——如果在 j 点处选址,其值为 1,否则为 0;

Y_{ij}——如果需求点 i 分配到设施 j 时,其值为 1,否则为 0;

a_i——第 i 个需求点的以中心区为停车目的的停车需求量。

目标函数表示所有设施与需求点之间的总加权距离之和最小和尽可能多地保留现有设施,T_j 表示选址点与现有设施点之间重叠与不重叠的两种状态。约束条件 1 表示对设施数目的限制,也可以无此条件限制,根据实际规划要求决定。约束条件 2 保证任意一个需求至少能被其中的一个设施所覆盖。约束条件 3 表示一个设施只要建了就可以满足一些或全部顾客的需求。约束条件 4 和 5 为决策变量的 0 - 1 约束。

第10章　网络计划技术

10.1　网络计划技术概述

网络计划技术是 20 世纪 50 年代末发展起来的,依其起源有关键路径法(CPM)与计划评审法(PERT)之分。20 世纪 50 年代,美国杜邦公司制定了第一套网络计划,这种计划将项目中各项工作与所需要的时间,以及各项工作的相互关系用网络图的形式表现出来,通过网络图分析研究工程费用与工期的相互关系,并找出在编制计划及计划执行过程中的关键路线,这种方法称为关键路线法(CPM)。1958 年美国海军武器部,在"北极星"导弹的计划制定、研制中,同样也应用了网络计划的分析方法,但侧重于评价和审查各项工作的安排,这种计划称计划评审法(PERT)。

网络图是由有向路段和节点组成的、用来表示活动流程的有向和有序的网状图形。按箭线和节点表达的含义不同,网络图可分为双代号网络图和单代号网络图。前者每项工作均由一根箭线和两个节点表示,其中箭线代表工作,节点表示工作间的逻辑关系;后者每项工作由一个节点组成,以节点代表工作,箭线表示工作间的逻辑关系。

网络计划技术的基本原理是应用网络图来体现计划项目的进度安排,并反映出组成计划项目的各项工作之间的相互关系,在此基础上进行网络分析;通过计算网络图的时间参数,确定关键工作和关键线路;在计划执行过程中,通过信息反馈不断进行监督、控制和调整优化,保证科学地使用人、财、物,求得工期、资源与成本和综合优化方案。

网络计划技术的种类很多,常用的方法有关键路线法、计划评审技术、图示评审技术、风险评审技术。

(1)里程碑法。这是最简单的一种进度计划方法,只需要列出一些里程碑活动和这些工作活动的完成日期即可。

(2)甘特图法,也称为线条图和横道图。主要应用于相对简单项目计划和项目进度的安排。把工程项目中各项工作的起止时间在标有日期的图表上用横线来表示。项目工作在左侧列出,时间在图表顶部列出,图中的横道线显示了每项工作的开始时间和结束时间,横道线的长度等于工作的工期,甘特图顶部的时间段决定着项目计划的详略程度。甘特图直观、简单、容易制作,便于理解,一般适用比较简单的小型项目。甘特图法虽然考虑了活动节点的先后顺序,但却不能充分地表示各项活动之间的关系,也无法根据资源情况进行优化调整,所以,一旦项目过于复杂,甘特图就不能完全适应。

(3)关键路线法(CPM)。通过分析项目过程中哪个工作序列安排的总时差最少,来预测项目工期的网络分析方法。它用网络图表示各项工作之间的相互关系,找出控制工期的关键路线,在一定工期、成本、资源条件下获得最佳的计划安排,以达到缩短工期、提高工效、降低成本的目的。CPM中工作时间是确定的,多用于建筑施工和大修工程的计划安排,适用于有很多作业而且必须按时完成的项目。关键路线法是一个动态系统,会随着项目的进展而不断更新,该方法采用单一时间估计法,其中时间被视为一定的或确定的。

(4)计划评审技术(PERT)。PERT和CPM是基于同样的原理发展起来的,但PERT中作业时间不能确定,对时间的估算引入了概率计算的方法。时间控制是它的重点,主要用于有大量不确定因素的大规模项目施工中,是现代化管理的重要手段和方法。

(5)图示评审技术(GERT)。GERT是计划中工作和工作时间之间的逻辑关系都具有不确定性,且活动的费用和时间参数也不确定,而按随机变量进行分析的网络计划技术。

(6)风险评审技术(VERT)。VERT是一种以管理系统为对象,以随机网络仿真为手段的风险定量分析技术。在软件项目研制过程中,管理部门经常要在外部环境不确定和信息不完备的情况下,对一些可能的方案做出决策,于是决策往往带有一定的风险性,这种风险决策通常涉及三个方面,即时间(或进度)、费用(投资和运行成本)和性能(技术参数或投资效益),这不仅包含着因不确定性和信息不足所造成的决策偏差,而且也包含着决策的错误。

工程网络计划的优化,就是指工程中既要满足一定的约束条件下,按照某一给定的目标,对已完成的网络计划进行不断的检查、评价、调整和完善,最后得出最优工程网络计划方案的过程。

根据优化目标的不同,网络优化可分为工期优化、费用优化和资源优化三种,其中费用优化又称时间—成本优化,资源优化又分为资源有限—工期最短的优化和工期固定—资源均衡等两种类型的优化。在工程项目管理中,应根据施工既定的条件,分别进行时间优化(工期优化)、资源优化以及费用优化。

网络计划工期优化是指在工程的工期不满足既定的要求时,通过压缩计算工期以达到要求工期目标,或者在一定的约束条件下使工期最短,它旨在以缩短工程工期为优化目标,并调整最初始网络计划方案。工期优化的目的在于科学、合理地安排施工进度计划,缩短工期,使工程建设项目管理投资尽早、尽快、全面地发挥经济效益。

在计划任务紧迫的情况下的工期优化,一般没有考虑工程费用的问题。多年工程实践表明,对于工程中任何一项计划任务来说,人们都可以采用增加人员和设备的方法加快工作进度,缩短工作持续时间,但无疑增加工程费用、增加成本,是很不经济的,因此,出现一个如何以最少的费用去缩短工期的研究方案,即费用优化,也称工期成本优化。

工程中所需要的资源是实施工程计划的物质基础,没有良好的资源条件,再好的计划也不能顺利实现。所以,对资源的合理安排和调整是工程施工中极为重要的环节。而进行网络计划资源优化的目的,就是为了科学、合理地安排并控制施工进度,解决资源供应矛盾问题以及均衡利用资源。

10.2　关键路线法网络计划

10.2.1　关键路线法原理

关键路线法(CPM)是一种确定型网络计划,其对进度计划的分析基于各个工作的时间参数。利用网络计划结构,根据各工作的持续时间,利用一定的计算规则计算各工作的时间参数,从而确定整个网络计划的关键路线、关键活动,并根据需要对工期、资源、费用进行优化。

在网络图中,从始点开始,按照各工作的顺序,连续不断地到达终点的一条通路称为路,在一个网络图中常常有很多条路。例如图 10-1 中从始点 1 到终点 8 有四条路,即:第一条路 1 - 2 - 4 - 7 - 8,第二条路 1 - 2 - 5 - 7 - 8,第三条路 1 - 2 - 6 - 7 - 8,第四条路 1 - 3 - 6 - 7 - 8。完成各条路上的各道工作所需的时间分别为:第一条路 4 + 2 + 3 + 2 = 11,第二条路 4 + 2 + 4 + 2 = 12,第三条路 4 + 3 + 6 + 2 = 15,第四条路 2 + 3 + 6 + 2 = 13。

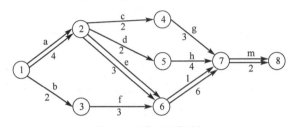

图 10-1　网络及工作时间

虚箭线只在双代号网络图中使用,虚箭线表示的是一项虚拟的工作,它的作用是使有关的逻辑关系能得到正确的表达。对于虚箭线表示的虚工作来说,其不消耗资源,持续时间为零,不占用任何时间,为虚拟时间。如图 10-2 所示,该网络图中有三条线路,这三条线路可表示为:1 - 2 - 3 - 5 - 6、1 - 2 - 3 - 4 - 5 - 6 和 1 - 2 - 4 - 5 - 6。

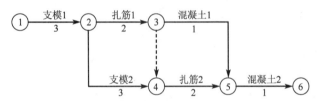

图 10-2　某混凝土工程双代号网络计划

一般情况下,在一张网络图中,不同的路上完成各工作所需要的时间是不完全相等的,其中完成各工作需要时间最长的路称为关键路线,如图 10-1 中的 1 - 2 - 6 - 7 - 8。关键路线决定着工程的完工期,在时间进度上,关键路线是完成工程计划的关键。网络计划中的关键线路可能出现的情况:关键线路只有一个;关键线路不止一个;关键线路通过调整控制也许会有变化的情况出现。

在网络图中,关键路线上的工作称为关键工作,如果缩短或者延误了关键工作的完工时间,就会提前或者推迟工程的完工时间。图 10-1 中的关键路线是:1 - 2 - 6 - 7 - 8,关键工作是 a、e、l、m。对这四道工作进行汇总,有一道工作的工作时间能够缩短一天,则工程就可以提前一天完成;如果有一道工作延误了一天,则工程完工期就要推迟一天。在不改变关键路线的前提下,对非关键路线上的各道非关键工作,无论是缩短还是推迟,完成工作的时间也不会影响工程的完工时间。例如,在第一条路线上某一道非关键工作(c 或者 g)上,工作的完工时间推迟两天,也不影响整个工程的完工时间。

10.2.2　关键路线法时间参数计算

1. 工作持续时间及工期

(1)工作持续时间。工作指有起始节点、终止节点以及持续时间的项目任务,完成某项工作,从工作开始至工作结束,所消耗的时间为工作持续时间。工作 i-j 的持续时间在双代号网络计划中用 $D(i$-$j)$ 表示。

（2）工期。从开始一个项目,直到该项目的完成,所用的时间称为工期。网络计划中的三种工期比较如表 10-1 所示。

网络计划中三种工期的比较
表 10-1

序号	工 期 名 称	工 期 定 义	表 达 方 式
1	计算工期	在网络图中,经过计算时间参数,计算得出的工期	T_c
2	要求工期	施工合同中所约定的合同的工期,是指令性的	T_r
3	计划工期	是一种实施性的工期,它的确定是基于计算工期及要求工期	T_p

注意:对于要求工期,当对其进行限制,则计划工期就需要小于或等于要求工期,即: $T_p \leq T_r$;在没有限制要求工期的情况下,则计划工期就会和计算工期相等,表示为: $T_p = T_c$ 。

2. 工作时间参数

一个工作,在一般的情况下,通过时间参数来反映该工作在时间方面所具有的属性。它们可以表示其什么时候开始、什么时候完成等,具体的工作时间参数对比,如表 10-2 所示。

工作时间参数对比表
表 10-2

名 称	定 义	表 达 方 式
工作的最早开始时间	就一个工作来说,其全部的紧前工作都实施完成后,其可以开始的最早时点	工作 i-j 的最早开始时间,在双代号网络计划中,一般用 $ES_{i\text{-}j}$ 来表示
工作的最早完成时间	本工作有可能完成的最早时刻,其前提是在本工作所有紧前工作全部完成后	工作 i-j 的最早完成时间,在双代号网络计划中,一般用 $EF_{i\text{-}j}$ 来表示
工作的最迟完成时间	对于本工作而言,其对所有工作的如期完成不产生影响时,其必须开始的最迟时点	在双代号网络图中,就工作 i-j 而言,通常用 $LF_{i\text{-}j}$ 来表达其最迟完成时间
工作的最迟开始时间	对于本工作而言,其对所有工作的如期完成不产生影响时,其必须开始的最迟时点	工作 i-j 的最迟开始时间,在双代号网络计划中,一般用 $LS_{i\text{-}j}$ 来表示

工作的时间参数在网络图上的表示方法,如图 10-3 所示。

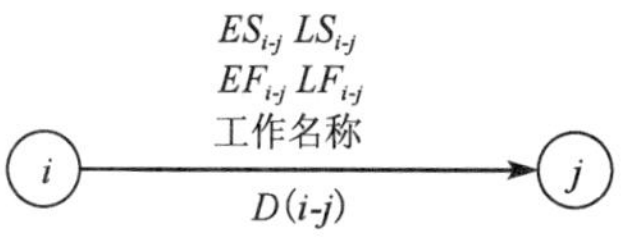

1）工作的最早开始时间 $ES_{i\text{-}j}$ 计算

$ES_{i\text{-}j}$ 是指一个任务的前置任务都完成后,该任务才能开始的最早时间。

$$ES_{i\text{-}j} = \max\left[ES_{h\text{-}i} + D(h\text{-}j) \right]$$

2）工作的最早完成时间 $EF_{i\text{-}j}$ 计算

图 10-3 工作的时间参数在网络图上的表示

$EF_{i\text{-}j}$ 是一个活动的最早开始时间与它的持续时间之和。

$$EF_{i\text{-}j} = ES_{i\text{-}j} + D(i\text{-}j)$$

3）工作的最迟开始时间 $LS_{i\text{-}j}$ 计算

$LS_{i\text{-}j}$ 指在不影响工程总工期的情况下,各项任务不一定立即开工,但是有一个最迟开工的时间。

$$LS_{i\text{-}j} = LT(j) - D(i\text{-}j)$$

式中: $LT(j)$ ——该节点所有前置工作最迟完成的时间,可由工期由后向前推算得出。

4）工作的最迟结束时间 $LF_{i\text{-}j}$ 计算

$LF_{i\text{-}j}$ 是一个工作的最迟开始时间与它的持续时间之和。

$$LF_{i\text{-}j} = LS_{i\text{-}j} + D(i\text{-}j)$$

某项目由 11 项工作组成(分别用代号 A,B,…,J,K 表示),其计划完成时间及工作间相互关系如表 10-3 所示。

工作计划完成时间及工作间相互关系 　　表 10-3

工作	计划完成时间/D	紧前工作	工作	计划完成时间/D	紧前工作
A	5	—	G	21	B,E
B	10	—	H	35	B,E
C	11	—	I	25	B,E
D	4	B	J	15	F,G,I
E	4	A	K	20	F,G
F	15	C,D			

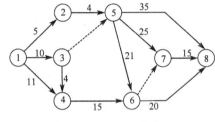

图 10-4　项目网络计划图

按表 10-3 给出的资料画出网络计划图(图 10-4)。图中①为整个网络的最初事件,⑧为最终事件,标在箭线上面的时间是完成各工作的计划时间。

(1)工作的最早开始时间是它的各项紧前工作最早结束时间中的最大值,工作的最早结束时间是它的最早开始时间加上完成该项工作的计划时间。

假定最初事件在时刻零实现,则有:

$$ES_{1\text{-}2} = ES_{1\text{-}3} = ES_{1\text{-}4} = 0$$

由此计算得到:

$$EF_{1\text{-}2} = ES_{1\text{-}2} + D(1-2) = 0 + 5 = 5$$
$$EF_{1\text{-}3} = ES_{1\text{-}3} + D(1-3) = 0 + 10 = 10$$
$$EF_{1\text{-}4} = ES_{1\text{-}4} + D(1-4) = 0 + 11 = 11$$
$$ES_{2\text{-}5} = EF_{1\text{-}2} = 5$$
$$EF_{2\text{-}5} = ES_{2\text{-}5} + D(2-5) = 5 + 4 = 9$$
$$\vdots$$

计算结果见表 10-4,最后得到完成网络上全部工作的最短周期为:

$$\max\{EF_{5\text{-}8}, EF_{6\text{-}8}, EF_{7\text{-}8}\} = \max\{45, 51, 50\} = 51$$

计算过程与结果表 　　表 10-4

工作(i,j)	$D(i\text{-}j)$	$ES_{i\text{-}j}$	$EF_{i\text{-}j}$	$LS_{i\text{-}j}$	$LF_{i\text{-}j}$
(1,2)	5	0	5	1	6
(1,3)	10	0	10	0	10
(1,4)	11	0	11	5	16
(2,5)	4	5	9	6	10
(3,4)	4	10	14	12	16
(3,5)	0	10	10	10	10
(4,6)	15	14	29	16	31
(5,6)	21	10	31	10	31

工作(i,j)	$D(i\text{-}j)$	$ES_{i\text{-}j}$	$EF_{i\text{-}j}$	$LS_{i\text{-}j}$	$LF_{i\text{-}j}$
$(5,7)$	25	10	35	11	36
$(5,8)$	35	10	45	16	51
$(6,7)$	0	31	31	36	36
$(6,8)$	20	31	51	31	51
$(7,8)$	15	35	50	36	51

（2）工作的最迟结束时间是它的各项紧后工作最迟开始时间中的最小值，各项工作的紧后工作的开始时间应以不延误整个工期为原则。工作的最迟开始时间是它的最迟结束时间减去该项工作的时间。

假定要求全部工作必须在 51 天内结束，故有：

$$LF_{5-8} = LF_{6-8} = LF_{7-8} = 51$$

由此计算得到：

$$LS_{5-8} = LF_{5-8} - D(5-8) = 51 - 35 = 16$$

$$LS_{6-8} = LF_{6-8} - D(6-8) = 51 - 20 = 31$$

$$LS_{7-8} = LF_{7-8} - D(7-8) = 51 - 15 = 36$$

$$LF_{5-7} = LF_{6-7} = LS_{7-8} = 36$$

$$LS_{5-7} = LF_{5-7} - D(5-7) = 36 - 25 = 11$$

$$LS_{6-7} = LF_{6-7} - D(6-7) = 36 - 0 = 36$$

$$LF_{4-6} = LF_{5-6} = \min\{LS_{6-7}, LS_{6-8}\} = \min\{36, 31\} = 31$$

$$LS_{4-6} = LF_{4-6} - D(4-6) = 31 - 15 = 16$$

$$LS_{5-6} = LF_{5-6} - D(5-6) = 31 - 21 = 10$$

$$LF_{2-5} = LF_{3-5} = \min\{LS_{5-6}, LS_{5-7}, LS_{5-8}\} = \min\{10, 11, 16\} = 10$$

$$LS_{2-5} = LF_{2-5} - D(2-5) = 10 - 4 = 6$$

$$LS_{3-5} = LF_{3-5} - D(3-5) = 10 - 0 = 10$$

$$\vdots$$

事件 1 是整个网络的初始事件，以它为起点有三项工作，由此事件 1 的最迟实现时间为：

$$\min\{LS_{1-2}, LS_{1-4}, LS_{1-3}\} = \min\{1, 5, 0\} = 0$$

具体计算结果见表10-4。

3. 工作节点的时间参数

节点指一个工作的开始或者结束的瞬间点，不消耗时间。网络计划工作时间参数计算是从网络图的与开始节点相连接的第一个工作算起，顺箭头方向向前推算，计算各项工作的最早开始时间，一直计算到与终节点相连接的最后一个活动，然后从与终节点相连接的最后一个工作的逆箭头方向向后推算，计算各项工作的最迟完成时间，一直计算到与开始节点相连接的第一个活动。

工作节点的时间参数包括节点最迟完成时间和节点最早开始时间,列表如表 10-5 所示。

节点的两个时间参数比较列表 表 10-5

名　　称	定　　义	表 达 方 式
节点的最早开始时间	就网络图中的某一节点而言,当其作为各项工作的开始节点时,各项工作的 *ES* 即为该节点的最早开始时间	在网络图中,对节点 *i* 而言,其最早开始时间通常表示为 $ET(i)$
节点的最迟完成时间	就网络图中的某一节点而言,当其作为各项工作的完成节点时,各项工作的 *LF* 即为该节点的最迟完成时间	用 $LT(j)$ 来表示节点 *j* 的最迟完成时间

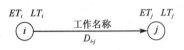

图 10-5　节点参数在网络图上的表示方法

节点参数在网络图上的表示方法如图 10-5 所示。

1)节点的最早开始时间 *ET* 计算

$ET(i)$ 是指该节点所有后置任务最早可能开始的时间。

$$EI(1) = 0$$
$$ET(j) = \max[EI(i) + D(i\text{-}j)]$$

2)节点的最迟完成时间 *LT* 计算

$LT(i)$ 是指该节点所有前置任务最迟完成的时间。

$$LT(n) = ET(n)$$
$$LT(i) = \min[LT(j) - D(i\text{-}j)]$$

对图 10-4 所示的网络图,计算各工作节点的最早开始时间和最迟完成时间,见表 10-6。

工作节点时间参数计算结果 表 10-6

工作节点(*i*)	$ET(i)$	$LT(i)$	工作节点(*i*)	$ET(i)$	$LT(i)$
1	0	0	5	10	10
2	5	7	6	31	31
3	10	10	7	35	36
4	14	21	8	51	51

4. 工作间的时间间隔

就网络图中相邻两项工作而言,它们之间可能会有时间间隔存在。该时间间隔指的是:某一工作的紧后工作具有的 *ES*,减去该工作具有的 *EF* 而形成的差值。通常情况下,时间间隔表示为 LAG_{ij},其意义是表示工作 *i* 与工作 *j* 之间存在的时间间隔。

对图 10-4 中的时间间隔分别为 $LAG_{AE} = 0$、$LAG_{BD} = 0$、$LAG_{CF} = 3$、$LAG_{DF} = 0$、$LAG_{EG} = 1$、$LAG_{EI} = 1$、$LAG_{EH} = 1$、$LAG_{FK} = 2$、$LAG_{GK} = 0$、$LAG_{IJ} = 4$。

5. 确定关键工作和关键路线

各项工作的持续时间总和最大的路线即为关键路线,关键路线上的工作为关键工作。图 10-4 中的关键路线为 1-3-5-6-8,关键工作分别为 B、G、K(表 10-3)。需要说明的是,虚工作有时也可以存在于关键路线上,如图 10-4 中的工作 3-5。

10.2.3　机动时间

运用关键路线法的主要目的是计算出各项工作的最早开始时间、最早结束时间、最迟开始时间与最迟结束时间,而计算这些时间参数的主要目的之一就是用于分析并计划工作在时间上如何分配最为合理。在一项计划任务中,必然有一些工作在时间上是紧密衔接的,它们中的任何一个一旦延误了时间,就会影响整个计划任务的按期完成。但也有一些工作,并且往往是项目中的多数工作,它们的开始与结束时间可以提前一些,也可以推后一些,只要不超过一定限度,就对其他工作和整个计划任务的按期完成没有影响。因此,有些工作在时间上灵活性较大,有一定的机动余地;而有些工作在时间上则没有任何机动余地。如何来判断并分析这些不同的工作,这就需要计算它们的机动时间。

计算并使用机动时间是网络计划技术中最重要的问题,它为计划进度的合理安排提供了依据。利用机动时间可以进一步挖掘项目计划的潜力,优化时间安排和资源分配方案。目前国际上通用的机动时间概念主要有五个:总时差、安全时差、自由时差、干扰时差和节点时差。

1. 总时差

在不影响工程项目总工期的条件下,工作(i,j)可以任意使用的机动时间的最大值,称为该工作的总时差,记为TF_{i-j}。

$$TF_{i-j} = LS_{i-j} - ES_{i-j} = LF_{i-j} - EF_{i-j}$$

2. 安全时差

对于工作(i,j),当它的紧前工作在最迟结束时间结束时,它仍可以自由使用而不影响工程总工期的那部分机动时间,称为该工作的安全时差,即为SF_{i-j}。

$$SF_{i-j} = LS_{i-j} - LF_i^*$$

$$LF_i^* = \max_{(x,y) \in P_{ij}} \{LF_{i-j}\}$$

式中:P_{ij}——工作(i,j)所有紧前实工作的集合;

(x,y)——集合P_{ij}中的任意一元素;

LF_i^*——工作(i,j)所有紧前实工作的最迟结束时间的最大值。

3. 自由时差

对于工作(i,j),在不影响其紧后工作最早开始时间的前提下,它可以任意使用的机动时间的最大值,称为该工作的自由时差,即为FF_{i-j}。

$$FF_{i-j} = ES_j^* - EF_{i-j}$$

$$ES_j^* = \min_{(x,y) \in S_{ij}} \{ES_{i-j}\}$$

式中:S_{ij}——工作(i,j)所有紧后实工作的集合;

(x,y)——集合S_{ij}中的任意一元素;

ES_j^*——工作(i,j)所有紧后实工作的最早开始时间的最小值。

4. 干扰时差

工作(i,j)的干扰时差的定义如下:如果工作(i,j)的干扰时差为正,则表示当工作(i,j)的紧后工作在其最早开始时间开始,并且它的紧前工作在其最迟结束时间结束的情况下,该工作最大可能推迟,或者其工期最大可能延长的时间;如果该时差为负,则表示当工作(i,j)的紧后工作在其最早开始时间开始,并且它的紧前工作在其最迟结束时间结束的情况下,该工作的工期必须缩短的最小时间。工作(i,j)的干扰时差为IF_{ij}。

$$IF_{ij} = \min_{(j,k) \in S_{ij}} \{ES_{j-k}\} - \max_{(k,j) \in P_{ij}} \{LF_{k-j}\} - D(i-j)$$

图10-4中各工作的总时差、安全时差、自由时差、干扰时差计算结果见表10-7。

机动时间计算结果表 表10-7

工作(i,j)	$D(i\text{-}j)$	$ES_{i\text{-}j}$	$EF_{i\text{-}j}$	$LS_{i\text{-}j}$	$LF_{i\text{-}j}$	$TF_{i\text{-}j}$	LF_i^*	$SF_{i\text{-}j}$	ES_j^*	$FF_{i\text{-}j}$	$IF_{i\text{-}j}$
(1,2)	5	0	5	1	6	1	0	1	5	0	0
(1,3)	10	0	10	0	10	0	0	0	10	0	0
(1,4)	11	0	11	5	16	5	0	5	14	3	3
(2,5)	4	5	9	6	10	1	6	0	10	1	0
(3,4)	4	10	14	12	16	2	10	2	14	0	0
(3,5)	0	10	10	10	10	0	10	0	10	0	0
(4,6)	15	14	29	16	31	2	16	0	31	2	0
(5,6)	21	10	31	10	31	0	10	0	31	0	0
(5,7)	25	10	35	11	36	1	10	1	35	0	0
(5,8)	35	10	45	16	51	6	10	6	51	6	6
(6,7)	0	31	31	36	36	5	31	5	35	4	4
(6,8)	20	31	51	31	51	0	31	0	51	0	0
(7,8)	15	35	50	36	51	1	36	0	51	1	0

5. 节点时差

节点(i)的时差是指该节点的最迟结束时间减去它的最早开始时间,记为TF_i。

$$TF_i = LT(i) - ET(i)$$

图10-4中各节点的节点时差计算结果见表10-8。

节 点 时 差 表 表10-8

工作节点(i)	$ET(i)$	$LT(i)$	TF_i	工作节点(i)	$ET(i)$	$LT(i)$	TF_i
1	0	0	0	5	10	10	0
2	5	7	2	6	31	31	0
3	10	10	0	7	35	36	1
4	14	21	7	8	51	51	0

10.3 计划评审技术网络计划

10.3.1 计划评审技术的基本原理

计划评审技术(PERT)中各项工作的相互依赖关系是确定的,而工作的耗时是不确定的,要想估计项目中各工作持续时间,通常使用加权平均时间的方法,并且对能按照计划按期竣工的可能性给予评价的网络计划技术。

在工程项目计划的实际编制时,因为所有活动的耗时只是估计值而已,精确度不够,有可能致使利用关键路线法得到的结果不正确。针对该问题,对各个活动的耗时给定的不是一个估计值,而是多个可能值,并把这几个可能值的均值作为工作的耗时,这就是计划评审技术的思想。

在计划评审技术中,所有活动的耗时都给定了三个值,简称为"三时估计法"。

(1)乐观估计时间:也称作最短估计时间,它是在工程施工进行很顺利的条件下,该工作从开工到竣工的耗时,通常用 a 表示。

(2)最可能估计时间:指在工程施工正常进行的情况下,该工作从开工到竣工的耗时,通常用 m 表示。

(3)悲观估计时间:也称作最长估计时间,它是指在工程施工进行的最不顺利的情况下,该工作从开工到竣工的耗时,用 b 来表示。

上述的 a、m 和 b 是在三种情况下的估计时间,它们三个中谁最靠近实际的工作时间,需要从概率方面进行计算。当然,从实际工作经验来看,a 和 b 靠近实际工作时间的可能性最小,而 m 的概率可能性最大。但是,不能把 m 就直接当作实际工作时间来使用,而要根据实际计算得出实际的工作时间。

计算网络中各个工作的期望值和方差:

$$t_e = \frac{a + 4m + b}{6}$$

$$v_{t_e} = \left(\frac{b - a}{6}\right)^2$$

式中:t_e——工作持续时间的期望值;

v_{t_e}——工作持续时间的方差。

采用计划评审技术进行网络计划的制定,其中任务的计划工期使用的是期望工期值,并且使用计划评审技术来分析项目,可以得到在目前的施工条件下,该工程能够完工的概率。使用计划评审技术得出的是项目完工的概率。因此,依据得到的概率以及项目的实际情况,来决定增加或者减少人力、物力、财力等资源的投入,或者是否需要调整施工方案等。

10.3.2 计划评审技术网络图的计算

根据三时估计法,可以计算出网络中各个工作的期望值和方差。

项目工期的期望值即为关键路线上各工作持续时间期望值的总和,即

$$T_c = \sum (t_e)_{cp} = t_{e_1} + t_{e_2} + \cdots + t_{e_m}$$

工程项目工期的方差也是关键路线上各关键工作持续时间的方差和,即

$$V_{T_c} = \sum (v_{t_e})_{cp} = v_{t_{e_1}} + v_{t_{e_2}} + \cdots + v_{t_{e_m}}$$

若计划评审技术网络计划存在多条关键线路,工期期望值相等而方差不等时,工期的方差应取各条关键线路方差的最大值。

图 10-4 中各项工作的三个估计完成时间见表 10-9。

各项工作的估计完成时间 表 10-9

工 作	代 号	估计完成时间(a-m-b)(d)
(1,2)	A	3-5-7
(1,3)	B	8-9-16
(1,4)	C	8-11-14
(3,4)	D	2-4-6

续上表

工　作	代　号	估计完成时间(a-m-b)(d)
(2,5)	E	3-4-5
(4,6)	F	8-16-18
(5,6)	G	18-20-28
(5,8)	H	26-33-52
(5,7)	I	18-25-32
(7,8)	J	12-15-18
(6,8)	K	11-21-25

根据计算公式计算出完成各项工作的期望时间和方差,见表10-10。

完成各项工作的期望时间和方差　　　　　表10-10

工　作	代　号	期望完成时间(d)	方　差
(1,2)	A	5	4/9
(1,3)	B	10	16/9
(1,4)	C	11	1
(3,4)	D	4	4/9
(2,5)	E	4	1/9
(4,6)	F	15	25/9
(5,6)	G	21	25/9
(5,8)	H	35	169/9
(5,7)	I	25	49/9
(7,8)	J	15	1
(6,8)	K	20	49/9

第11章 网络可靠性

11.1 网络可靠性模型

网络可靠性是指网络系统在实际规定的连续运行过程中,充分完成所规定的正常功能的能力或概率。在此,"完成所规定的正常功能的能力或概率"是网络可靠性的测度,既包含了网络的生存能力和有效性,也反映了网络对用户需求的适应能力,既研究网络正常运行情况下的可靠性,也研究异常情况下的可靠性,是对整个网络运行过程的综合测度。

网络可靠性作为评估网络性能高低的一个非常重要的参数,可靠性的求解不仅可以帮助人们对网络的可依赖程度进行评估,也可以对网络的抗毁性进行评价和适时修复,最终达到提高网络运行效率和执行能力的目的。

网络系统由节点和节点间的连线(弧或单元)链接而成,一般网络系统模型如图11-1所示。

根据网络中点和边的失效情况不同,网络可靠性模型可分为三类:

(1)边失效模型:所有的边均不可靠,所有的点均完全可靠的网络模型。

(2)点失效模型:所有的点均不可靠,所有的边均完全可靠的网络模型。

(3)点边失效模型:所有的点和边均不可靠的网络模型。

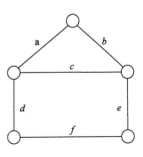

图11-1 一般网络系统模型

网络可靠性问题的基本假设:

(1)点和边的工作状态只有两种可能,即正常或失效。

(2)点和边失效的概率值是已知的。

(3)点和边的失效概率之间相互独立。

可靠性常用的测度指标是连通可靠度,即在规定的时间内网络一直保持连通的概率,主要包括终端可靠度、K端可靠度和全端可靠度。

(1)终端可靠度是衡量网络保持两个端点之间连通的能力,即网络中任意给定的两个无故障端点间至少存在一条路径的概率。

(2)K端可靠度是指网络保持K个端点之间连通的能力,即网络中任意给定的节点子集K中各节点均处于工作状态,且各节点之间均至少存在一条路径概率。

(3)全端可靠度是指网络在故障情况下的生存能力,即网络中所有节点均处于工作状态,节点集中各节点之间均至少存在一条路径的概率。

网络可靠性研究的两个核心问题:一是网络可靠性的计算问题;二是网络可靠性的优化问题。

网络可靠性计算是 NP-hard 问题,计算量随着网络结构的扩展而迅速增长。为了解决网络可靠性计算问题,出现了许多算法,主要分为精确算法和启发式算法。精确算法主要为基于枚举的算法,建立在状态枚举、最小路集或最小割集的基础上,采用了一些枚举组合和缩减技巧,枚举出一组关于概率度量相互排斥并且全体穷举的概率事件;启发式算法,如禁忌搜索、模拟退火和遗传算法等,可以用于大型网络,但不保证最优性。

网络可靠性优化设计问题是指在一定资源约束条件下寻找一种最佳链路拓扑设计方案,使系统获得更高的可靠度或在满足一定可靠性指标下使成本最小,以取得最大经济效益。当节点的可靠性和网络结构给定后,系统可靠性就依赖于如何对节点进行连接。主要有两种建模方法,一种是在可靠性约束下极小化总费用,另一种是在费用约束下极大化可靠性。

11.2 完全状态枚举法

在可靠度的算法中,完全状态枚举法是计算网络可靠度最简单、最常用的方法。基本思想是先枚举网络的所有状态,再逐个查找满足网络所要求的节点处于正常连通的状态,最后将这些可行状态进行累加即可求出网络的可靠性。

具体做法是:列出使网络按照规定要求正常运行这一事件 S 发生时,所有可能的互斥事件,记为 $B_i(i=1,2,\cdots,n)$,则 S 可表示为 $S=\sum_{i=1}^{n}B_i$,因此网络可靠度为 $R(G)=P(S)=\sum_{i=1}^{n}P(B_i)$,其中 $P(S)$ 表示事件 S 发生的概率。

在一个给定的概率图 $G(V,E)$ 中,每条边和节点都具有正常运行与失效两种状态。如果给定了 v 个节点和 e 条边,则网络共有 $2^v\times 2^e=2^{v+e}$ 种状态,对于节点完全可靠情况下,网络共有 2^e 种状态,需要计算相应各状态的概率。随着网络节点和边的增加,状态数量成指数倍增。该方法对于较大规模的网络是不适用的,只能应用于较小规模的网络可靠度的计算。

设图 $G(n,e)$ 的边是有相同的失效概率 $1-p$,并且顶点都是完好的,那么图 G 的全终端可靠性是:

$$R_{\text{all}}(G,p)=\sum_{k=n-1}^{e}S_k(G)p^k(1-p)^{n-k}$$

式中:$S_k(G)$ ——含有 k 条边的连通的生成子图个数。

如图 11-1 中,图 $G(5,6)$ 是一个简单的无向连通图。设图 G 的每条边的正常工作概率是 0.9 且顶点是完好的。由全终端可靠性定义,可枚举出图含不同条数的边的全连通子图。含有 3 条边及以下的子图不全连通不符合要求,$S_{\leqslant 3}(G)=0$。含有 4 条边的生成连通子图 $\{abde,abdf,abef,acde,acdf,acef,adef,bcde,bcdf,bcef,bdef\}$,故 $S_4(G)=11$。含有 5 条边的生成连通子图 $\{abcde,abcdf,abcef,abdef,acdef,bcdef\}$,故 $S_5(G)=6$。含有 6 条边的生成连通子图 $\{abcdef\}$,故 $S_6(G)=1$。

所以:
$$\begin{aligned}R_{all}(G,0.9)&=S_4(G)p^4(1-p)^2+S_5(G)p^5(1-p)^1+S_6(G)p^6\\&=11\times0.9^4\times(1-0.9)^2+6\times0.9^5\times(1-0.9)^1+1\times0.9^6\\&=0.957\,906\end{aligned}$$

11.3 因子分解法

图 $G(V,E)$ 是一个简单的无向连通图,设图 G 中的每条边有相同的失效概率 $1-p$ 且顶点是完好的,网络的可靠性可采用因子分解公式计算:

$$R(G,p) = pR(G/e) + (1-p)R(G-e)$$

其中,G/e 是在图 G 中将边 e 的两个端点收缩后得到的新图;$G-e$ 是在图 G 中删去边 e 得到的新图;p 是边 e 正常工作的可靠性。

图 11-2 中,把图 G 的边 d 进行收缩后得到 G/d,删除边 d 后得到 $G-d$,每条边失效概率为 $(1-0.9)$。

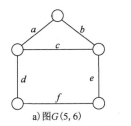 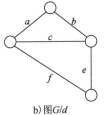 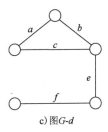

a) 图 $G(5,6)$ b) 图 G/d c) 图 $G-d$

图 11-2 图的分解示意图

由完全状态枚举法可得:

$$
\begin{aligned}
R_{all}(G/d,p) &= S_4(G/d)p^3(1-p)^2 + S_4(G/d)p^4(1-p)^1 + S_5(G/d)p^5 \\
&= 8 \times 0.9^3 \times (1-0.9)^2 + 5 \times 0.9^4 \times (1-0.9)^1 + 1 \times 0.9^5 \\
&= 0.976\,86
\end{aligned}
$$

$$
\begin{aligned}
R_{all}(G-d,p) &= S_4(G-d)p^4(1-p)^1 + S_5(G-d)p^5 \\
&= 3 \times 0.9^4 \times (1-0.9) + 1 \times 0.9^5 \\
&= 0.787\,32
\end{aligned}
$$

由因子分解公式得到:

$$
\begin{aligned}
R_{all}(G,p) &= pR_{all}(G/d) + (1-p)R_{all}(G-d) \\
&= 0.9^3 \times 0.976\,86 + 0.1 \times 0.787\,32 \\
&= 0.957\,906
\end{aligned}
$$

进行一次分解,就会产生两个新的图,然后根据这两个图的结构情况,如果还是比较复杂,那么就要继续再进行分解,这样分解下去,直到最后形成新图的可靠性比较容易计算,即可停止。选择不同的边进行分解对计算可靠性影响比较大,因为分解不同的边,产生的新图是不同的,所以这个方法的重点在于如何选合适的边进行分解。

对于终端可靠度问题,s 和 t 分别是图 G 的两个端点,从 s 点出发找出和 s 直接相连的一个点 k,用因子分解消去边 (s,k),得到子图 $G/(s,k)$ 和 $G-(s,k)$,则 $R(G) = p_{st}R[G/(s,k) + (1-p_{st})]R[G-(s,k)]$(点 s 和 t 合并为子图中新的 s 点)。然后对两子图递归的应用 s 邻边消去分解[p_{st} 和 $(1-p_{st})$ 乘以被分解图的权作为子图的权分别保留起来],这种分解到以下两种状态时停止:

（1）s 点是孤立点。

（2）s 点仅有一个邻边，且这条边和 t 点相连。

当状态（1）出现时定义子图的可靠度是 0，当状态（2）出现时定义子图的可靠度为 p_{st} 乘以子图的权。图 G 的可靠度就等于所有状态子图的可靠度之和。

11.4　容斥原理法

按照组合数学的容斥原理求网络的可靠度。设 $A_1, A_2, \cdots, A_m$ 是 m 个事件，由容斥原理可知 $A_1, A_2, \cdots, A_m$ 中至少一个事件发生的概率为：

$$P(G) = P\{A_1 \cup A_2 \cup \cdots \cup A_m\}$$

$$= \sum_{i=1}^{m} P(A_i) - \sum_{1 \leqslant i \leqslant j \leqslant m} P(A_i A_j) + \sum_{1 \leqslant i \leqslant j \leqslant k \leqslant m} P(A_i A_j A_k) \cdots + (-1)^{m-1} P(A_1 A_2 \cdots A_m)$$

这里 $A_1 \cup A_2 \cup \cdots \cup A_m$ 表示事件 $A_1, A_2, \cdots, A_m$ 至少有一个发生；$A_i A_j$ 表示事件 A_i、A_j 同时发生；$A_1 A_2 \cdots A_m$ 表示事件 $A_1, A_2, \cdots, A_m$ 同时发生。

网络的可靠性可表示为：

$$R(G) = P\{A_1 \cup A_2 \cup \cdots \cup A_m\}$$

求解网络可靠性的计算量随着 m 的增加呈指数增长，因此当网络规模较大时，使用此方法求解网络的可靠性是非常繁琐和消耗时间的。

容斥原理法计算网络可靠度的基本原理：将网络可靠度表示为所有最小路集的并集（或将网络不可靠度表示为所有最小割集的并集），再采用容斥原理去除相容事件相交的部分，从而求解网络可靠度。其中，最小路集（最小割集）是一些链路的集合，并且该集合中任意一条链路从此集合汇总移除，剩下的集合不再是最小路集（最小割集）。

从一个指定节点经过一组边能够到达另一个节点，就可以称这组边是这两个节点间的一条路。如果从这一组边中任意去掉一条边就不能构成两个节点间的路，就称这组边为最小路。一条最小路中所包含的边的个数就称作是路的长，可以看出一条最小路中，没有重复的节点和边。所以，对于一个含 m 个节点的网络，最小路中路长最大也只能包含 m 个节点，其最小路的长度为 $m-1$，不存在路长 $\geqslant m$ 的最小路。

由系统的最小通路出发，用最小通路的可靠度去求系统的可靠度，就是最小通路法。设网络 $G(V, A)$ 所有的最小通路为 $A_1, A_2, \cdots, A_m$，且 $A_i (i = 1, 2, \cdots, m)$ 表示"第 i 条路中所有弧正常"事件，则网络 G 正常事件为：

$$G = \bigcup_{i=1}^{m} A_i$$

那么，求网络系统可靠度 R 的计算步骤如下：

（1）求出网络 G 所有的最小通路为 $A_1, A_2, \cdots, A_m$；

（2）计算概率 $R = P(G) = P(\bigcup_{i=1}^{m} A_i)$。

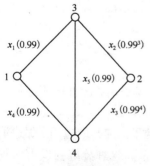

图 11-3　桥型网络系统图

图 11-3 所示为桥型网络系统图，从源点 1 到汇点 2 总共有 4 条最小通路，分别是 $T_1(x_1, x_2)$、$T_2(x_1, x_5, x_3)$、$T_3(x_4, x_5, x_2)$、(x_4, x_3)，各边的可靠度分别为：$P_1 = P_4 = P_5 = 0.99$、$P_2 = 0.99^3$、

$P_3 = 0.99^4$。

各个最小通路的可靠度分别为:

$$P(T_1) = P_1 P_2 = 0.99^4$$
$$P(T_2) = P_1 P_5 P_3 = 0.99^6$$
$$P(T_3) = P_4 P_5 P_2 = 0.99^5$$
$$P(T_4) = P_4 P_3 = 0.99^5$$
$$P(T_1 T_2) = P_1 P_2 P_3 P_5 = 0.99^9$$
$$P(T_1 T_3) = P_1 P_2 P_4 P_5 = 0.99^6$$
$$P(T_1 T_4) = P_1 P_2 P_3 P_4 = 0.99^9$$
$$P(T_2 T_3) = P_1 P_2 P_3 P_4 P_5 = 0.99^{10}$$
$$P(T_2 T_4) = P_1 P_3 P_4 P_5 = 0.99^7$$
$$P(T_3 T_4) = P_2 P_3 P_4 P_5 = 0.99^9$$
$$P(T_1 T_2 T_3) = P(T_1 T_2 T_4) = P(T_1 T_3 T_4) = P(T_2 T_3 T_4) = P_1 P_2 P_3 P_4 P_5 = 0.99^{10}$$
$$P(T_1 T_2 T_3 T_4) = P_1 P_2 P_3 P_4 P_5 = 0.99^{10}$$

从而得到:

$$\begin{aligned} P(S_{12}) = {} & P(T_1) + P(T_2) + P(T_3) + P(T_4) - P(T_1 T_2) - P(T_1 T_3) - P(T_1 T_4) - \\ & P(T_2 T_3) - P(T_2 T_4) - P(T_3 T_4) + P(T_1 T_2 T_3) + P(T_1 T_2 T_4) + P(T_1 T_3 T_4) + \\ & P(T_2 T_3 T_4) - P(T_1 T_2 T_3 T_4) \approx 0.998\,7 \end{aligned}$$

相反,若设 C 是图中的一些边的集合,从图中删去集合 C 的全部边,使得源汇点之间的路集是空集时,就称集合 C 是从源点到汇点的一个割集。如果从集合 C 中去除任意一个边就构不成割集,就称集合 C 为一个最小割集,其中最小割集所包含的边数称为割集的阶数。

利用网络系统最小割集,求网络系统可靠度 R 的计算步骤如下:

(1)求出网络 G 所有的最小割集 $B_1, B_2, \cdots, B_n$。

(2)计算概率 $Q(B) = P(\bigcup\limits_{i=1}^{n} B_i)$。

(3)网络系统的可靠度 $R = 1 - Q(B)$。

图 11-3 所示为桥型网络系统图,从源点 1 到汇点 2 总共有 4 个最小割集,分别是 $G_1(x_1, x_4)$、$G_2(x_1, x_5, x_3)$、$G_3(x_4, x_5, x_2)$、$G_4(x_2, x_3)$。各边不能正常工作的概率分别为 $P_1 = P_4 = P_5 = 0.01$、$P_2 = 0.01^3$、$P_3 = 0.01^4$。计算 $Q(B) \approx 0.000\,1$,由此 $R = 0.999\,9$。

11.5　不 交 和 法

该方法是利用不交和公式计算网络可靠性,设 $A_1, A_2, \cdots, A_m$ 是 m 个事件,由不交和公式可知 $A_1, A_2, \cdots, A_m$ 是中至少一个事件发生的概率为:

$$P(G) = P\{A_1 \cup A_2 \cup \cdots \cup A_m\} = P(A_1) + P(\overline{A_1} A_2) + \cdots + P(\overline{A_1} \overline{A_2} \cdots \overline{A_{m-1}} A_m)$$

网络的两终端可靠度不交积之和(简称不交和)算法就是将公式中的项化为彼此不相交项的和,然后再求这些不相交项的概率。该算法中不交和的项数越少,计算时间和所占空间就越少,产生的计算误差也就越小,人们一般用不交和的项数来衡量算法的有效性。不交和法其实是容斥原理法的改进,它的计算项数大大减少,但是该方法对于事件的顺序要求比较高。

布尔运算:

$$a + ab = a、(a+b)c = ac + bc、\overline{a+b} = \bar{a}\,\bar{b}、\overline{ab} = \bar{a} + \bar{b}、a + b = 1 - \bar{a}\,\bar{b}$$

对多个变量

$$\overline{a+b+c} = \bar{a}\,\bar{b}\,\bar{c}、a+b+c = a + \bar{a}b + \overline{a}\,\overline{b}c、\overline{abc} = \bar{a} + \bar{b} + \bar{c} = \bar{a} + a\bar{b} + a\overline{b}\,\bar{c}$$

设布尔表达式 $f(a,b,\cdots,c)$ 表示为布尔变量为 $a,b,\cdots,c$ 的布尔表达式; $f(1,b,\cdots,c)$ 和 $f(0,b,\cdots,c)$ 分别表示 $f(a,b,\cdots,c)$ 中将变量 a 取值为真和假得到的表达式:

$$f(a,b,\cdots,c) = af(1,b,\cdots,c) + \bar{a}f(0,b,\cdots,c)$$

将 $f(1,b,\cdots,c)$ 称为 $f(a,b,\cdots,c)$ 的左拆分,而把 $f(0,b,\cdots,c)$ 称为其右拆分。例如,设 $f(a,b,c) = ac + ab + ac$,则利用一次 Shannon 公式有:

$$f(a,b,c) = af(1,b,c) + \bar{a}f(0,b,c) = a(c+b+bc) + \bar{a}(bc)$$

其中,$(c+b+bc)$ 是 $f(a,b,c)$ 的左拆分;(bc) 是其右拆分。

若 $f(a,b,\cdots,c)$ 的表达式中只有一个布尔项,例如 $f(ab) = ab$,利用 Shannon 公式有:

$$f(ab) = abf(1) + \overline{ab}f(0)$$

其中,$f(1) = 1$,$f(0) = 0$。该公式也适合布尔变量多于两个的情形。

设 $P_1,P_2,\cdots,P_m$ 是网络 G 中由 S 通向 t 的所有极小道路,若网络 G 的两终端可靠度 $Rel(G)$,简记为 $R_{s,t}(G)$:

$$R_{s,t}(G) = P(P_1 + P_2 + \cdots + P_m)$$

它表示由源点 s 到汇点 t 至少存在一条正常工作的道路的概率(这里直接用 P_i 表示 P_i 中各边工作,这一事件 A_i,用"$+$"代替"$\cup$")。如果将 $P_1,P_2,\cdots,P_m$ 看成是 G 的边的布尔多项式,当用 Shannon 公式将其展成不交和形,例如 $P_1 + P_2 = ab + ac = a(b+c) = a(b + \bar{b}c)$,则:

$$R_{s,t}(G) = P(P_1 + P_2) = P_r[a(b + \bar{b}c)] = P_r(a)[P_r(b) + P_r(\bar{b}c)]$$

其中,$P_r(a)$,$P_r(b)$ 分别为 G 中边 a,b 工作的概率;$P_r(\bar{b}c)$ 为 b 边失效且 c 边工作的概率。

利用 Shannon 公式将一个布尔表达式分解为两个彼此不相交的布尔表达式之和(称这一过程为不交化),然后对每个不交的表达式再应用 Shannon 公式,一直循环下去,直到表达式出现单个变量为止,再应用布尔公式求出最后的不交和表达式。具体步骤如下:

(1)求出给定网络由 s 通向 t 的所有极小道路 $P_1,P_2,\cdots,P_m$。

(2)写出布尔表达式 $f = P_1,P_2,\cdots,P_m$。

(3)若 f 为多个单个变量之和,例如 $f = a + b + c$,则 $f = 1 - \bar{a}\,\bar{b}\,\bar{c}$,将 f 直接存入结果字符串列表中。

(4)若 f 至少含有一个单个变量,例如 $f = a + B + C$,则 $f = 1 - \bar{a}\overline{B+C}$。对 $B + C$ 进行因式分解,如果 $B + C = D \cdot F$,则 $\overline{B+C} = \bar{D} + \bar{F}$;再分别对 D、F 进行因式分解后进行化简,直到不能分解为止,不能分解的 D、F,分别 $f \leftarrow D$,$f \leftarrow F$ 转入第(5)步。

(5)检查是否有未拆分完的字符串。若没有,程序终了;否则,求出在 $P_1,P_2,\cdots,P_m$ 中模数最少的道路(可能不止一条)$P_{r1},P_{r2},\cdots,P_{rk}$。找出边 x_i,找到边 x_i,使 x_i 满足这样的条件:x_i 为 $P_{r1},P_{r2},\cdots,P_{rk}$ 中部分道路或所有道路中所含的边,且在 $P_1,P_2,\cdots,P_m$ 中出现的频次最高。

(6)利用找到的 x_i 对 f 应用 Shannon 公式进行左右拆分,得到 f_1、f_2,即 $f = x_i f_1 + \bar{x}_i f_2$。

(7)将f_1、f_2存入待拆分字符串中,进行化简后,再分别$f \leftarrow f_1$,$f \leftarrow f_2$,转入第(3)步。

注:若在第(1)步中给出的是网络的所有K—树或生成树,则最后求得的是网络的k—终端或全终端可靠度。

网络图G_1如图11-4所示,用a、b、c…,表示网络的边,求s,t两终端可靠度。

由网络图G_1可以看出,从s到t共有四条路径:ab,cd,aed,ceb。计算过程如下:

$$f(a,b,cd)$$
$$= ab + cd + aed + ceb$$
$$= a(b + cd + ed + \underline{ceb}) + \bar{a}(cd + ceb)$$
$$= a(b + cd + ed) + \bar{a}c(d + eb)$$
$$= a(1') + \bar{a}c(2')$$

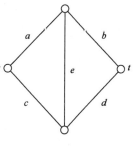

图11-4 网络图G_1

其中$\underline{ceb}$表示ceb这项被吸收,因为$b + ceb = b$,并且上式中:

$(1') = 1 - \bar{b}\overline{cd + ed} = 1 - \bar{b}\overline{(c + e)d} = 1 - \bar{b}(\bar{d} + \bar{c} + \bar{e}) = 1 - \bar{b}[\bar{d} + d(\bar{c})\bar{e}]$

$(2') = 1 - \bar{d}\bar{e}\bar{b}$

得到$f(a,b,c,d)$不交和形式:

$$f(a,b,c,d) = ab + cd + aed + ced = a\{1 - \bar{b}[\bar{d}(\bar{c})\bar{e} + \bar{d}]\} + \bar{a}c(1 - \bar{d}\bar{e}b)$$

式中:a用$P_r(a)$,$\bar{a}$用$q_r(a) = 1 - P_r(a)$表示等等。则可用f的不交和公式直接计算的2—终端可靠度$R_{st}(G_1)$。

11.6 网络可靠度近似计算方法

对于小型网络可靠性可以使用精确算法,但是如果计算大型网络的可靠性,精确算法一般就不能在规定的时间内给出结果。已经证明网络可靠性的求解问题是NP完全问题。对于大型网络可靠性的求解,主要集中在一些近似算法和人工智能方法上。

近似算法的存在是考虑到实际网络的较大规模以及使用计算机求解的耗时性,无法在短时间内得到网络的准确可靠性,转而对可靠性的大小做上界和下界的估计。研究中人们经常使用的可靠性近似算法有上下界限法、蒙特卡洛法和图变换法。

1.上下界限法

上下界限法的出发点是将复杂系统先简单地看作是由某些单元组成的串联系统,求出其可靠度的上界值和下界值,然后逐步考虑系统的复杂情况,逐步求解系统的可靠度(越来越精确的上、下界限),当达到一定要求时,再将上下界值进行简单的数学处理,就可得到满足实际精确要求的可靠度值。

上下界限法的思想是针对网络可靠性的表达式,对其系数进行适当的放大与缩小,得到相应的可靠性上界与下界。假设网络G有n个部件组成,且每个部件正常工作的概率均为p,则网络G的可靠性可表示为:

$$R(G) = \sum_{i=0}^{n} F_i p^{n-i}(1-p)^i$$

其中，系数 F_i 是网络中有 i 个部件失效时，网络仍能正常工作的状态数目。只要给出 F_i 的取值范围，即可求出相应的网络可靠性的上限界值。

2. 蒙特卡洛法

蒙特卡洛法是一种随机模拟方法，以概率和统计理论方法为基础，使用随机数来求解给定网络的可靠性。基本思想是在网络的概率统计模型中利用设想的实验计算出抽样值，并对抽样值进行统计分析处理，再将处理的结果作为网络的可靠性的概率值。

对于网络可靠度的近似计算而言，当网络全部链路具有相同的可靠度时网络可靠度是一个关于链路可靠度的多项式，被称为可靠度多项式。但是当链路可靠度不完全相同时，可靠度难以写出解析表达式，通常只能借助于计算机仿真，即蒙特尔卡洛法来获得。

3. 图变换法

图变换法是依据网络所具有的特殊拓扑结构，先依照某种准则对其进行一定的简化，继而再求解简化后的网络可靠性的方法。图变换法可以很好地解决一些具有特殊拓扑结构的网络，但其对一些无规则拓扑结构的随机网络并不适用。

人工智能方法，如蚁群算法、模拟退火算法、遗传算法、神经网络算法等等，这些算法的应用使得网络可靠性的研究更加深入，同时由于这些算法的运行时间是多项式的，所以为计算机的应用提供了方便，这样很多大型网络可靠性的计算就可以通过计算机编程来实现。

参 考 文 献

[1] 杨晓敏. 基于图论的水系连通性评价研究——以胶东地区为例[D]. 济南:济南大学,2014.

[2] 徐军,罗嵩龄. 公路网连通性研究[J]. 中国公路学报,2000(1):95-97.

[3] 敖谷昌,贾元华,张惠玲. 基于连通能力的区域公路网的连通度研究[J]. 北京交通大学学报,2009(12):42-46.

[4] 张玺. 基于出行方式的城市交通可达性研究[D]. 成都:西南交通大学,2008.

[5] 颜佑启. 网络部分结点最佳连通关系的逐步生成法[J]. 数学的实践与认识,2005(2):55-58.

[6] 徐建军,沙力妮,张艳,等. 一种新的最小生成树算法[J]. 电力系统保护与控制,2011(7):107-112.

[7] 吴文虎,王建德. 图论的算法与程序设计[M]. 北京:清华大学出版社,1997.

[8] 李成江,等. 新的 k 最短路算法[J]. 山东大学学报(理学版),2006(8):40-44.

[9] 韩世莲,刘新旺. 物流运输网络多目标最短路问题的模糊满意解[J]. 运筹与管理,2014(10):55-61.

[10] 白睿. 最大流及最小费用的算法研究[D]. 南京:南京邮电大学,2012.

[11] 陶晓莉. 最大流算法与应用研究[D]. 南京:南京邮电大学,2014.

[12] 孟晓婉. 网络最大流及最小费用的算法研究[D]. 南京:南京邮电大学,2013.

[13] 董方. 网络流的算法与应用分析[D]. 南京:南京邮电大学,2014.

[14] 陈华. 网络流算法的若干研究与分析[D]. 南京:南京邮电大学,2011.

[15] 宋常城. 基于最小费用最大流算法的若干研究与分析[D]. 南京:南京邮电大学,2012.

[16] 黎新华. 空中交通流运行系统稳定性初探[D]. 天津:中国民航大学,2008.

[17] 荆象源. 国民经济动员物流系统应变能力研究[D]. 南京:南京航空航天大学,2014.

[18] 吴薇薇. 堵塞流理论在随机流动网络优化设计、改造及运行中的应用[D]. 南京:南京航空航天大学,2006.

[19] 黄孝鹏. 堵塞流理论在路网容量和最短时间流中的应用研究[D]. 南京:南京航空航天大学,2007.

[20] 李娜. 基于动态网络流的舰船人员疏散方法研究[D]. 哈尔滨:哈尔滨工程大学,2011.

[21] 雷柳. 基于图模型的 DTN 网络路由算法研究[D]. 西安:西安电子科技大学,2015.

[22] 李金华. 时变条件下追求最大效用的旅行规划问题[J]. 中国管理科学,2011(8):137-143.

[23] 夏雷. 基于二部图匹配和聚类的论文分配方法研究[D]. 北京:北京交通大学,2014.

[24] 谢志远. 关于二部图与匹配问题的研究[D]. 洛阳:河南科技大学,2014.

[25] 赵洪超. DNA 计算在支配集及电梯调度问题中的研究与应用[D]. 济南:山东师范大学,2013.

[26] 苏岐芳. 图的支配集的有效算法[J]. 台州学院学报,2003(6):1-3.

[27] 王金杰. 基于独立集求解图着色问题[D]. 武汉:华中科技大学,2013.

[28] 郭廷花. 寻找最大独立集的算法[J]. 太原师范学院学报(自然科学版),2014(6): 26-28.

[29] 李云,傅秀芬,何杰光,等. 求极大独立集的程序实现研究[J]. 计算机技术与发展,2008 (9):64-67.

[30] 崔笑川. 最小点覆盖近似算法及其应用研究[D]. 兰州:兰州交通大学,2015.

[31] 寇磊,崔笑川,陈京荣. 基于最短路算法的最小点覆盖问题[J]. 兰州交通大学学报,2015 (8):157-160.

[32] 张新萍. 基于蚁群遗传算法的最小图着色数研究[D]. 太原:太原理工大学,2014.

[33] 贾春花. 图着色算法研究及其在时间表问题中的应用[J]. 楚雄师范学院学报,2012 (6):10-15.

[34] 尹琳娟. 图论染色问题应用研究[D]. 西安:西安电子科技大学,2009.

[35] 徐进澎. 网络选址中的若干模型和算法研究[D]. 南京:南京航空航天大学,2010.

[36] 卜月华. 图论及其应用[M]. 南京:东南大学出版社,2002.

[37] 时丕芳. 用于导管架检测的 ROV 路径规划研究[D]. 东营:中国石油大学,2010.

[38] 伍庆成. 论欧拉图、哈密顿图的判定及应用[J]. 中国高新技术企业,2007(7):207-208.

[39] 金运通. 时间依赖网络中国邮路问题研究[D]. 大连:大连理工大学,2006.

[40] 郭俊杰,伊崇信,毕双艳. 哈密顿回路存在性判定及输出算法[J]. 吉林大学自然科学学报,1998(4):5-8.

[41] 王力生,帅斌. 需求响应式公交系统路径优化算法[J]. 西华大学学报(自然科学版),2014(1):84-87 +93.

[42] 雷震. 网络分析在 GIS 出警路径规划中的研究与应用[D]. 上海:上海交通大学,2007.

[43] 金毅. 对"中国邮递员问题"的数理分析[J]. 科技经济市场,2009(3):3-5.

[44] 孙树垒. 网络选址中对中心点和中位点问题的综合考虑[J]. 数学的实践与认识,2009 (1):64-68.

[45] 魏强,涂子学,周静生,等. 基于候选点集算法的应急设施网络布局优化[J]. 中国安全科学学报,2012(9):172-176.

[46] 何保红. 城市停车换乘设施规划方法研究[D]. 南京:东南大学,2006.

[47] 杨振宇. 建筑施工管理中双代号网络计划技术应用研究[D]. 北京:北京建筑大学,2014.

[48] 孙德栋. 基于网络特性分析的时间费用权衡问题研究[D]. 北京:华北电力大学,2013.

[49] 刘煜明. PERT 进度编制及其在资源约束下的优化[D]. 南京:河海大学,2006.

[50] 温冬梅. 随机交通流网络行程时间可靠度近似算法研究[D]. 长沙:长沙理工大学,2007.

[51] 黄晓波,曹承属. 虹桥交通枢纽供配电系统可靠性分析及计算[J]. 现代建筑电气,2010 (1):45-48.

[52] 邓秋红. 计算网络可靠度的两个算法[D]. 大连:大连海事大学,2002.